F1 TECHNOLOGY

地上最速のマシーンはこうして生まれる

F1
TECHNOLOGY
F1テクノロジー

ナイジェル・マックナイト［著］
相原俊樹［訳］

二玄社

Originally published in English by Hazleton Publishing Ltd., Richmond, Surrey, England

under the title: Technology of the F1 Car by Nigel Macknight

First published in 1998

© Hazleton Publishing Ltd,1999. No part of this publication may be reproduced, stored in a retrieval system, or transmitted in any form or by any means, electronic, mechanical, photocopying, recording or otherwise, without prior permission in writing from Hazleton Publishing Ltd.

Published in Japan by Nigensha Publishing Co., Ltd. 2000
by arrangement through The Sakai Agency/Orion.
Japanese translation: Toshiki Aihara

photography by BRYN WILLIAMS with additional contributions by LAT PHOTOGRAPHIC ALLSPORT TC ALLEN/PHOTOSPHERE KEVIN CHEVIS ILMOR ENGINEERING CHRISTOPHER BENNETT

F1テクノロジー
地上最速のマシーンはこうして生まれる
原題 = Technology of the F1 Car
2000年8月25日　2刷発行

　著者　Nigel Macknight
　翻訳者　相原俊樹

　発行者　渡邊隆男
　発行所　株式会社 二玄社
　　　　　東京都千代田区神田神保町2-2 〒101-8419
　　　　　営業部：東京都文京区本駒込6-2-1 〒113-0021
　　　　　電話＝03-5395-0511
　印刷所　図書印刷株式会社

ISBN4-544-04068-X
2000 Printed and bound in Japan
◎本書の全部または一部を無断で複写複製することは禁じられています。

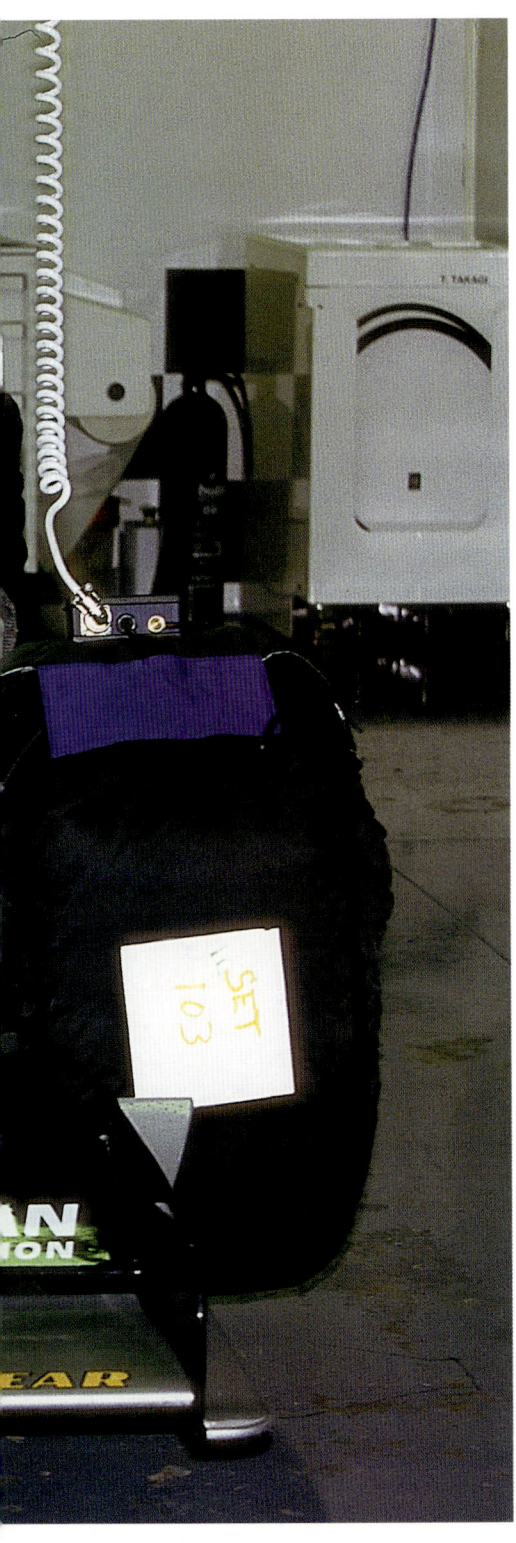

CONTENTS

Introduction	**DEFINING THE CONCEPT** コンセプトを決める	**8**
Chapter 1	**THE CHASSIS** シャシー	**16**
Chapter 2	**CRASH-TESTING** クラッシュテスト	**34**
Chapter 3	**AERODYNAMICS** エアロダイナミクス	**48**
Chapter 4	**ENGINE & TRANSMISSION** エンジンとトランスミッション	**76**
Chapter 5	**BRAKES** ブレーキ	**110**
Chapter 6	**SUSPENSION, WHEELS & TYRES** サスペンション, ホイール, タイア	**118**
Chapter 7	**THE COCKPIT ENVIRONMENT** コクピット	**130**

introduction
DEFINING THE CONCEPT コンセプトを決める

　フォーミュラ1（F1）の統括機関はフェデラシオン・アンテルナシオナル・ド・ロトモビル（略称FIA）という。本拠はパリにあり、マックス・モズレイが会長職を務める。同組織はF1ワールド・チャンピオンシップを司り、競技車両の技術的な規則を定めるテクニカル・レギュレーションを公布する。そのテクニカル・レギュレーションの根幹となるのが、チームはオリジナルの車を設計し製造しなければならないという条項だ。だからF1に参加しようとするチームは、例えばアメリカのCARTチャンピオンシップで競うチームのように、専門メーカーが造る既成のシャシーを購入してレースカーに仕立て上げるわけにはいかない。

　F1チームがレースカーを作り上げる過程を、わかりやすく明らかにしようというのが本書の目的だ。特にサーキット上の挙動に注目して、車作りの成否を決める定石を浮き彫りにできればと思う。

　FIAのテクニカル・レギュレーションは車の外形について極めて綿密に規定しているので、結果的にどの車もみな同じような形になってしまった。全長、全幅、全高はいうにおよばず、空力的付加物の寸法、前後のオーバーハング量まで規則で決まっている。それ以外にも寸法を制限する規則は膨大な数に及び、しかも車の性能を左右する重要な箇所には型板をあてがい、実車から採寸する方法で厳密に管理されている。それだけではない。"より速く"という永遠のテーマに向けても、革新的な技術を好き放題に使ってよいわけではなく、一定の歯止めが掛けられているのだ。

　レースを観る側からすればこれはいささか残念ではある。性能を向上させるための斬新な発想を反映した、従来とは根本的に異なる設計など、かつてはともかく今では見られなくなってしまった。世間の注目を一身に浴びて華々しく登場した1976-77年モデルの6輪ティレルや、あまりにあけすけな飛び道具を使ったと散々悪名を被った1978年モデル・ブラバム"ファンカー"をはじめとする、既存の常識のはるか先を行く奔放な設計は姿を消してしまった。同じ革新的技術を取り入れるにしても、慎重に、かつ表にでないようにというのが今のやり方だ。

DEFINING THE CONCEPT

デザインの指令塔

　車の出来が多少まずかろうとも、ずば抜けた技量のドライバーがその腕一つで車の欠点を補ってしまう、そんな時代もかつてはあったが、今はいささか事情が違う。現代のF1界では車を造る主任デザイナーと、車を走らせるトップドライバーとはチームにとってまったく同列の重要な存在である。結果としてデザイナーの報酬はうなぎ上り。例えばウィリアムズで設計をしていたエイドリアン・ニューウィーが1997年8月マクラーレンに移籍した際の報酬は巷間200万ポンドと言われ、契約料は7桁に上ったという。

　左の写真に収まるニューウィーの専門は、元々空力部門であったというのも決して偶然ではない。今やF1では空力こそ唯一最大の重要テーマなのだ。

　昔はデザイナーがほとんど一人で車全部を設計したものだが、いまでは作業そのものが非常に複雑になったため、大勢のデザイナーがチームワークで1台の車を設計する。今と昔で一番様変わりしたのがこの点だろう。そうはいってもごく基本的なコンセプトについてはチームの頂点にたって、舵取り役を務める人物を一人置くのが通常のやり方だ。フェラーリのロス・ブラウン、ベネトンのパット・シモンズ、スチュワートのアラン・ジェンキンス(99年にプロストに移籍)などはそういう立場にある。彼らのリーダーシップのもとチームは一つ一つの分野、例えば空力、コンポジット、トランスミッションの設計など、重要な作業を分担して行う。

　トップチームが擁するデザイン関係のスタッフは30名から35名、そのうちの大半は責任者をサポートしながら"ディテールの図面作り"にあたり、各部のコンセプトを具体的な形にしていく。これとは別に研究開発には平均20名のスタッフが働いている。

"革新"より"進化"

　F1の主要コンポーネントを、車の前から後ろに向かってどういう順番でレイアウトしていくかは、事実上レギュレーションで決まってしまい、選択の余地はあまりない。まずフロントから見ていこう。まずドライバーの両足の位置は、安全性の見地から前車軸より後方にあることと定められているから、位置関係を勝手に変えられない。そこから後ろに向かって主要コンポーネントの位置を決めていくのだが、これも安全性の理由から燃料の搭載位置は完全にドライバー背後であることと決められている。そうなるとエンジンとギアボックスは燃料搭載位置より後方にならざるをえない。従来の定石を覆すようなシャシーレイアウトを考えだそうにも、その余地はほとんどないのだ。

　仮にレギュレーションが今より緩やかになったとしても、車の主要コンポーネントのなかには、どう設計をしようと外寸を今より大幅に小さくできないものがある。コクピットの寸法などその最たる例で、あくまでF1の基準において、というただし書きがつくにしても、ドライバーがそこそこ快適かつ安全に中に収まるには、どうしても削れない大きさというものがある。もちろんボディのデザイナーだってエンジンデザイナーに希望を言うことはできる。そうはいっても一定の排気量が決まっている以上、エンジンの外寸をコンパクトにしようにもそこには物理的な限界が自ずからある。ギアボックスだってそうだ。欲しい段数のギアを収容するには必要最低限の大きさがある。

　最近は新型車を設計するにあたり、革新的な手法を採るより、従来型を踏襲して進化発展させるプロセスを踏むようになりつつある。今あるものを全部水に流して、何もないところから仕切りなおすのではなく、既存のコンセプトを進歩させていく傾向が強い。実際信頼性の見地から一定数の部品は前年モデルからそのまま流用する。例えば燃料系統のパーツなどは前年型をそのまま使う場合が多い。

DEFINING THE CONCEPT

コンピューターを抜きには語れない

　F1のデザインには通常4つの段階がある。コンセプトの決定、前段階の立案、最終立案、そして細部の煮詰めだ。デザインそのものはその大半をコンピューターが行い、全工程を通じて様々なソフトウェアが広範に使われる。大方のチームでは製図室から昔ながらの製図用紙が完全に姿を消し、コンピューター・エイデッド・デザイン(CAD)の独壇場となっている。かつて製図工がこなしていた作業を今では"CADモデリング"が行っている。完全なデジタルプロセスにより物の形が作りだされ、スクリーン上に2次元あるいは疑似3次元的に映し出されるのである。

　恐るべきコンピューターの力を借りて、デザイナーは好きなように試作品を操作できる。設計変更も意のままだ。部品を"回転"させてほぼあらゆる視点から全体像を眺められるし、どこであろうと任意のポイント(あるいは位置)で断面図を見ることもできる。

　デザイナーが設計変更をインプットするやいなや、必要な計算と製図作業はすべてコンピューターソフトウェアがやってくれる。しかも完成品をほぼ瞬時に見せてくれる。何かが変わるたびに、何枚もの製図用紙に線を引くという時間のかかる作業は過去の話となった。

　しかしいくら必要だからといっても、極めて高価なハードウェアとソフトウェアをその度に購入するわけにはいかないので、チームの多くはメーカーとスポンサー契約を結び、無料で機器の提供を受けている。例えばジョーダンはヒューレット・パッカード、ティレルはパラメトリックスだった。

　CADシステムが一連の工作機械と結びつくと、機能が拡大してコンピューター・エイデッド・マニュファクチャリング(CAM)となる。スクリーン上で形になった部品の木型の一部あるいは全体が、人間の手を事実上介在させることなく、現物に成りかわる。ここでも貴重な時間が節約できる。

車両重量は600kg以下

　FIAのレギュレーションは車の自重、ドライバー、冷却水、オイル等の総和はどんな場合でも600kgを下回ってはならないとしている。車がこのルールに合っているかを確かめるため、FIAの検査員は事あるごとに車を4枚の測定板の上に載せる。この測定板は超高精度で、ドライバーをそのうちの一つに立たせれば、総重量が極めて正確に計測できる。

　デザイナーは車が重量オーバーにならないように細心の努力を払う。なにしろ最低車両重量を1kgオーバーすると1周あたり0.03秒ラップスピードが遅くなるのだ。これでいくと5kgオーバーすれば通常のレース距離を走りきるのに12秒余計にかかる計算になる。大抵のチームはわざと最低車両重量を下回るように車を作っておいて（塗料の重さだって最低限に抑える）、望ましい重量配分になるよう鉛のバラストを置いて最低車両重量をクリアする。しかも車の重心が可能な限り低くなるよう、位置はできるだけ低く置く。

　重心を低く設定するというのは設計の段階における重要なターゲットだ。高速でコーナーを回り、激しくブレーキを踏み、急激に加速して強い力がかかっても、重心が低ければ車の挙動はあまり乱れない。重量配分もまた車の成否を決める重要な要素だ。車の前後に重量が均一にかかっていれば、フロントとリアのタイアは車の総合性能とハンドリングに望ましい形で貢献できる。デザイナーはできるだけ重量物を車の前方に持っていこうとする。主要コンポーネントのなかでも重量のかさむエンジン、ギアボックス、燃料はどうしても後方に集中せざるをえず、相対的にリアタイアにかかる荷重のほうがフロントよりはるかに大きいからだ。

DEFINING THE CONCEPT

空力がレースを制する

　F1を取り巻くあらゆる要素のなかで、勝てる車を設計するには非常に優れた空力性能を物にしないことには話にならない。現代のF1は空力デバイスだらけだ。見た目に最も目立つのは、車の前後に据えつけられた航空機の翼を多重構造にしたようなウィングだ。このウィングは強大なダウンフォースを発生し、コーナリング中に非常に強いグリップをもたらす。外からでは隠れてほとんど見えないところにも空力デバイスは設けられている。アンダートレイもその一つだ。アンダートレイは車の後方に向かって持ち上がっていく"ランプ"（リアディフューザーという）と相まって、ウィングを上回るダウンフォースとグリップを生み出す。

　こうした空気の力を利用する装置とは別に、機械の操作によりグリップを増す装置もある。これもまた車の成否を握る重要な部分だ。メカニカルグリップは車の重量配分、サスペンション・ジオメトリー、デファレンシャルギアとタイアの性能により発生する。

　だから空力特性とメカニカル特性を上手に組み合わせて、レースに勝てるパッケージにまとめあげるのがF1デザイナー全員のゴールだ。

　ところで1998年シーズン開幕に先立ってテクニカル・レギュレーションに大きな変更があった。従来より車の全幅が20cm（10％に相当する）狭くなり、溝つきタイアの装着が義務づけられたのだ。

　これらのルール変更および新たなレギュレーションがF1の性能に及ぼした影響は複雑多岐にわたる。これからの各章でその詳細を探っていくことにしよう。

chapter 1
THE CHASSIS シャシー

　F1のシャシーは構造的に複雑を極める。極めて複雑にして多岐にわたる力がここにのしかかるからだ。それにシャシーは構造上車の中核となる重要部分で、ここには負荷を担う主要コンポーネントがほぼ例外なく直づけされるのだから、複雑になるのも当然だ。例えばフロントサスペンションはコーナリングとブレーキング時の強い力に対応しつつ、コース上の突起による衝撃を吸収する。そのフロントサスペンションを通じて伝わってくる力は強大で、しかも力の強弱は極端から極端へと絶え間なく変化する。エンジンマウント部にはおそろしい曲げ加重がのしかかるだけでなく、ねじり加重が情け容赦なく襲いかかってくる。ここは構造上車の前半部であるシャシーと、後半部のエンジン、ギアボックス、リアサスペンション、リアウィングが接合する部分だ。今述べた後半部の主要コンポーネントは構造上まとまって単一の構造物を形成する。

　エンジンマウントにかかるねじり加重はこれだけではない。ドライバーが車を急加速させるとトルク反動が加わる。

　シャシー前半部には、ノーズコーンを介してフロントウィングが起こした強大な空力的負荷がかかる。それにシャシー底面からの力、すなわちアンダートレイが生み出すダウンフォースがある。さらにシャシー両脇からもダウンフォースは生まれる。サイドポンツーンの上面と内部を高速で通過する二つの空気の流れと、サイドポンツーンそのものとの相互作用から発生する力だ。これも決して侮れない。

　シャシーには内部から発生する負荷もある。ドライバーが生むGがシート、および安全ベルト取り付け部を通して伝わってくるからだ。

カーボンコンポジットという材料

　車の主要コンポーネントのなかで製作するのに一番時間がかかるのがシャシーなので、これを最初に設計して製作工程に引き渡すのが通例だ。F1チームはほとんどすべてシャシーを内製しているが、少なくともトップチームのなかで一つだけ、この作業を専門メーカーに委託しているところがある。

　F1のシャシーはほぼ100％、カーボンコンポジット（炭素繊維複合材料）で作られている。ちなみにこのコンポジットという言葉をシャシーに使う場合は、カーボンファイバーを何層にも重ねたスキン2枚で、1層のアルミニウム・ハニカム材をサンドイッチした複合構造体をさす。ただコンポジットというと単にカーボンファイバーそのものを指す場合もある。カーボンファイバーもまた炭素でできた繊維と、その繊維にあらかじめ染みこませたエポキシ樹脂との複合体であるからだ。繊維に樹脂をあらかじめ染みこませておくと樹脂が均一に行き渡る。そうすると超高加圧・加熱処理を施して、樹脂が硬化したあとの組成を確実に均一化でき、ゆえに均一な強度性能を発揮する完成品ができる。

　製作を容易にするため、シャシーはいくつかの部分に分け（この各部をパネルと呼ぶ）、接着する。最も大きなパネルはそのままシャシーそのものとなる。複雑な形をした一体成形の構造物で、ほんの2、3年前までは三つの部品、すなわちシャシーの上半分、下半分、別体部品だったロールオーバーバーに分かれていた。これより一回り小さいパネルとして、シャシーフロア、バルクヘッド（シートバックとダッシュバルクヘッドの二つ）がある。

　パネルの製作に取りかかるに先立って、原寸大の木型を作り、この木型から鋳型を作る。そうしてできた鋳型に重ねるようにしてカーボンコンポジットを貼っていき、パネルが完成する。

シャシーの剛性

　複雑な応力に効果的に対応し、なおかつ車の総合性能とハンドリングに貢献するためには、決してゆるがせにできない設計上の大前提がある。シャシーの歪みを許さない、充分な剛性を確保することだ。ここで求められるのはねじり剛性と曲げ剛性の二つで、前者はねじろうとする負荷に対抗する力、後者は横方向あるいは縦方向に曲げようとする負荷に対抗する力だ。衝突時に充分な強度をもたせることも設計段階でのごく基本的なテーマだ。万一事故の際にもシャシーは充分な弾性を発揮し、ドライバーを保護しなければならない。そのためにFIAが行う一連の厳格なクラッシュテストに合格して、その性能を実証することを義務づけられている。

　剛性は高くないといけないし、その一方では衝撃も吸収しなければならない。ここに二律背反する問題が浮かび上がる。カーボンファイバー素材に共通して言えることなのだが、剛性を高めるとそれに反比例して弾性は落ちてしまうのだ。そこでデザイナーは滑らかで流れるような形状にすることで、衝撃の力を均一に拡散しようとする。鋭い角を作ってそこに力が集中しないようにするのだ。ところがそうするとここでまた両方並び立たない別の問題が発生する。シャシー形状を決定するにあたり、空力面での効果が大きく物を言うから、ここでもデザイナーは一定の妥協を余儀なくされる。

　イギリスのグローブに本拠を置くウィリアムズは、本当の意味で完成したシャシーデザインができる数少ないF1チームの一つだ。エイドリアン・ニューウィーがマクラーレンに移籍したので、今ではウィリアムズのチーフデザイナーはギャヴィン・フィッシャーが務めている。フィッシャーの指揮をとるのはテクニカルダイレクターのパトリック・ヘッドだ。

繊維の目が重要

　カーボンファイバーでできたシャシーのインナーとアウターのスキンは、素材の厚さとタイプこそいろいろあるが、おのおの5つから7つの層で成り立っている。しかし特に強度と剛性を増したい部位は数十層に達する場合もある。

　カーボンファイバーの小片の一つ一つをその繊維が一定の方向を向くように貼っていけば、外から受ける負荷を、その構造物内の目的の箇所に伝達させることができる。反対に広い範囲にわたって拡散させることも可能だ。具体的に説明しよう。外から加えられた負荷はシャシーのなかでも補強材の取り付けられた部位へと導きたい。その場合、何重もの層を成すカーボンファイバーの繊維を、補強材のある部位に向かって貼りつければよいのだ。反対に何層ものカーボンファイバーの繊維が、ばらばらの方向に向かって走っていれば、負荷は広範囲にわたって拡散するわけだ。おのおのの部位に使い分けるカーボンファイバーのタイプは1層ごとに、対処すべき負荷の特質に合わせて使い分ける。

コンピューターで軽く、強く、しなやかに

　冒頭で述べたようにシャシーの構造とそこにかかる応力は共に極めて複雑だ。その上で強度と剛性と弾性の三つを兼ね備え、なおかつ軽い構造に仕上げるべく、最も有効な手段を計算で出そうとすれば、その作業は悪夢さながらに困難を極めるだろう。しかしコンピューターの力を借りれば話は別だ。

　F1の設計・製作に応用されている進歩的なコンピューター技術は枚挙に暇がないが、そのなかでもシャシーの物理的構造を決定するのに採用されている重要な技術が有限要素解析(FEA)だ。

　カーボンファイバー同様、有限要素解析も航空宇宙産業から生まれてレースカーの設計に採用されるようになった。設計段階で主要コンポーネントの構造的な特性をコンピューターで予測し分析する方法で、その精度は非常に高い。構造的に極めて効率が高くしかも軽い主要コンポーネントを作る一助として、F1デザイナーは有限要素解析を採用している。既存の計算方法では、シャシーなど主要コンポーネントの構造的な特性を見極めようとしても複雑すぎて、これだという結論的な解答にはたどり着けない。しかしコンピューターを使って構造を有限数の要素へと分類していけば、様々な応力が加わったときの反応を分析でき、最も効率のよい製作方法を計算することができる。

　例えばある負荷を掛けてシャシーの構造特性を分析するとき、調べたい部位に繊維の向きを特定の方向に揃えたカーボンファイバーの層をもう1枚貼り足してみて、その効果を検討評価する。その上で今度は剥がしてみる。それによって1層足すのか足さないのかの差が、構造的な性能にどの程度貢献するかを総合的かつ数量的に判断できる。コンポジットエンジニアは使用する素材の量をミニマムに抑え、重量をできるだけ軽く抑えた上で、構造上の目標値を達成しようと努める。

　F1のベアシャシーはおおよそ35kgくらいしかない。それでいて750馬力前後のパワーを路面に伝達し、少なくとも2トンにおよぶ空力的ダウンフォースに耐える。まさにコンポジットエンジニアの技術の賜物だ。

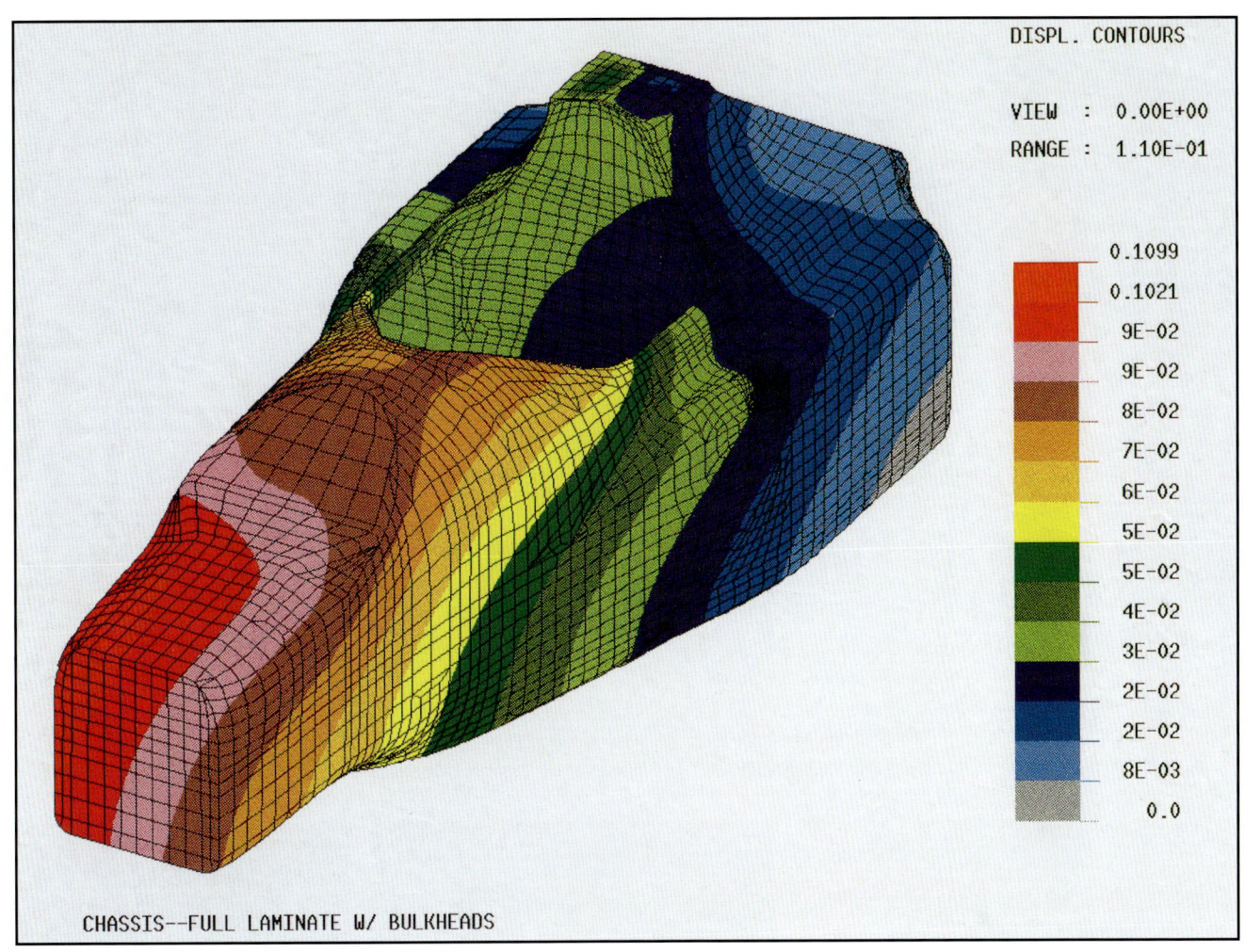

虹が映し出すマシーン特性

　F1チームには、そのデザイナーグループのなかに有限要素解析を行う専門のコンポジットエンジニアがいる。解析を終えると結果はグラフィカルに表示される。数値はカラーコード化されているから分析は容易だ。初期の有限要素解析はデータ数値を加工せず生のまま列挙していたことを考えると、ずいぶん便利になったものだ。あるコンポーネントに変形（たわみ）があると、極めて矮小な動きであっても、意図的に誇張して表示してくれるので、動いている箇所を特定するのも楽になった。

　有限要素解析がなければ、シャシーを製作するにあたりずっと大きな誤差許容量を計算に含ませざるをえず、でき上がったものは実際必要以上に重くなってしまい、車の競争力は削がれてしまう。それはまだしも、もし誤差許容量が足りなければ壊れてしまい、車はすぐさま危険の烙印を押されてしまう。エンジニアは構造的に破綻を来しかねないほど負荷が集中する部位を識別できるので、あらかじめ対策をたてられる。これこそ有限要素解析がもつ一番大切な機能なのである。

木型を作る

　シャシーパネル製作の第一歩は木型の製作だ。車が命の鼓動を始めるこの時、CAD（コンピューター・エイデッド・デザイン）はCAM（コンピューター・エイデッド・マニュファクチャリング）にバトンタッチする。車をデザインするのに用いたのと同じコンピューターソフトウェアが、今度は現実に形ある物として製作工程の一助を担うようになる。

　F1シャシーパネルの木型を製作するにはいくつかの方法があり、チームによって好みの方法は一律ではない。ただどんな方法を取ろうとも最終的な結果は本質的に変わりはない。ここでは最も一般的な方法を紹介しよう。CADシステムからデータが自動切削機に送りこまれる。自動切削機は素材から木型を作るわけだが、この際用いられる素材には専門メーカーが提供する木型作り専用のものと（大抵はウリオルという製品が使われる）、マホガニーの二つがある。マホガニーを好んで使うチームも少数ながらある。

　ウリオルはチバ・スペシャリティ・ケミカルズ社の製品で幅広の板の形で納品される。合成素材だが特性は木材にごく近い。ただ天然材より加工が楽で木目もない。またほとんど水分を吸収せず、熱による膨張も事実上皆無だ。だからウリオルで作った木型は製作時の寸法と形状を極めて正確に維持する。出荷時のウリオルの板厚は5cmしかないので、大きい木型を作るには事前に数枚を重ね合わせ接着しておく。

　ウリオルであれマホガニーであれ、木型を作る素材は作業中動かないように平らなテーブルにしっかりと固定して、自動切削機のヘッドの下に据える。自動切削機のヘッドは指定の範囲のなかを行きつ戻りつしながら、なんのためらいもなく極めて正確に素材をくり抜いていく。こうして求める形ができ上がる。

THE CHASSIS

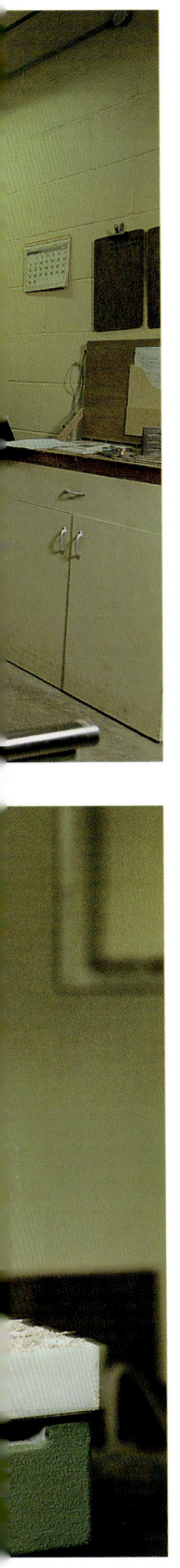

THE CHASSIS

手作業で木型を仕上げる

　シャシーを構成する木型が全部できると、ボルトで仮留めした上で、手作業で表面にやすりをかける。使うのは耐水ペーパーまたはサンドペーパーだ。隣り合う木型のつなぎ目が相互に破綻なくきれいにつながるようにするこの工程を"シェイピングスルー"という。ここでは自動切削機でできた、機械加工上の極めて微細なキズも取り除く。キズを残したままにすると鋳型に刻みこまれ、完成したパネルの表面にそのまま現れてしまうからだ。

　シャシーの木型には一つずつエポキシ系の塗料を薄く塗る。次の工程で木型の上に鋳型を張り合わせる際、カーボンファイバーのなかに含まれる樹脂の働きで化学的な浸潤を受けないようにするためだ。木型は次に一定の温度のオーブンに入れられ、塗料を硬化させる。またこうすることで揮発性化学物質が飛ぶので、塗装が安定する。しかるのちに極めて番手の細かい耐水ペーパーまたはサンドペーパーを使い手作業でやすりがけをし、Tカットで研磨する。ちなみにTカットとはイギリスで一般に売られているカーケア商品だ。こうして表面をなめらかに仕上げる。

　最後にシャシーの木型はもう一度ボルトで仮留めした上で、広い平らなテーブルの上に固定する。複雑な形状をしている実物から直接計測して数値データに置き換える装置を、3次元座標デジタイザーと呼ぶが、その3次元座標デジタイザーを用いて、木型をくまなく"スキャン"し、でき上がった形状がオリジナルのCADデータに忠実であることを確認する。

鋳型はカーボンファイバー製

　カーボンコンポジット製シャシーパネルを作る基本になる鋳型は、木型の上にカーボンファイバーを貼り合わせて作る。最終製品の雌型を作るわけだ。鋳型を作るにもカーボンファイバーを使う理由は、膨張したり歪んだりする危惧がまずないからだ。シャシーパネルを硬化させるのに必要な超高温度処理を施す際、他の素材で鋳型を作ると膨張したり歪んだりするのだ。

　鋳型作りに先立って、木型には入念な準備を施す。おのおのの木型の周辺部に縁金（堰あるいは返りともいう）を追加する。そうしておくと鋳型が完成して木型から取りはずす際、鋳型の外周部を取り巻く張り出しができて強度、硬度がともに高まる。完成したパネルを楽に外せるように、いくつか小さな部分に分けて作る鋳型もある。特にパネルが鋳型に引っついて剥がれなくなるおそれのある部位については、分割箇所に縁金を追加する。

　完成した鋳型が必ずきれいに剥がれるように、おのおのの木型には剥離剤を数層にわたり吹きつけ、硬いワックスをやはり数層かけてぴかぴかになるまで磨き上げる。

　これだけの準備をしてようやく鋳型作りが始まる。手順はシャシーパネルそのものを作るときと同じで、これについては後で述べる。ただ鋳型に求められる構造上の強度はシャシーパネルと違い、ごく穏やかである。従って鋳型は単層構造であり、アルミニウム・ハニカムを挟みこんだ重層構造ではない。この写真はシャシー下半分の鋳型を写しているが、このように上半分と下半分を別々に作る方法は今ではもう用いられていない。

型を仕上げる

シャシーパネルの貼りつけ前には、念には念を入れて鋳型の準備を整える。一つ一つ油分を除去し（普通アセトンなどの溶剤を用いる）、汚れをくまなく取り除いたのち、剥離剤を実に10層にもわたって吹きつける。1回目の吹きつけが乾燥するまで待ってから次の吹きつけに取りかかる。吹きつけが終わると次に表面がぴかぴかに輝くまで磨き上げる。こうして仕上げた鋳型はオーブンの中に入れ剥離剤を硬化させ、表面に剥離剤を焼き付ける。

こんなに手間がかかるのは鋳型の使いおろしのときだけで、以降パネルを量産する際には剥離剤を1層吹きつけるだけでよい。

最後に小型で取り外し可能な、一定の形をしたツーリングブロックと呼ばれる木型を鋳型に取り付ける。ツーリングブロックの周囲にカーボンファイバーを貼りつけることによって、パネルに穴を開けたり、へこみをつけたりできるのだ。例を挙げよう。一番前側のウィッシュボーンマウントを取り付けるためシャシーに窪みをつけたいとき、あるいはフロントウィッシュボーンの後ろ側アームを貫通させるためにシャシー側面に穴を開けたい時など、このツーリングブロックを用いる。ウィッシュボーンマウント部だけでなく、突出した部分があると空力的には抵抗になるので、うまく空気が流れるよう、開口部や窪みはきれいに成型するのが普通だ。

電気ケーブルや油圧パイプを走らせるための狭い通路を取り付ける箇所には、もっとずっと小型のツーリングブロックを用いる。

ツーリングブロックの位置はあらかじめ木型に示してある。CADデータを基に3次元座標デジタイザーが引いておいた線だ。また鋳型に対しても極めて正確な位置にドリルで穴が穿たれることによりその位置が"反映"される。しかるのちにツーリングブロックを取り付けるネジ山を切る。

匠の手仕事

　カーボンコンポジットを鋳型の内部に貼りつけていって、シャシーパネルの形にしていく。言葉にすれば簡単だが、これは一瞬も気の抜けない緻密な作業だ。まず明解な文章で書かれた指示書と図面を用意する。その上で薄膜を貼る達人が、指示書と図面に忠実に従って工程を進める。これらの指示書は、コンピューターによる有限要素解析を行ったころの初期作業で得た結果をもとに、コンポジットエンジニアが作る。実際最初のパネルを作るときには、その一つ一つの作業にコンポジットエンジニアが付きっきりでそばを離れない。コンピューターの中にしか存在しない計算予測という理論の世界に別れを告げ、ようやく実物が現実の世界にできた。コンポジットエンジニアが見守るなか、熟練工が精密極まりない作業を微妙に手で加減しながら進める。

　シャシーパネルにはカーボンファイバー製のインナースキンとアウタースキンの二つがあるが、製作工程は鋳型を作るときのやり方と基本的に同じだ。ただシャシーパネルの場合、同じようにカーボンファイバーの小片を貼り合わせていくにしても、素材のタイプと繊維の方向の組み合わせは、鋳型のときとは比べ物にならないほど複雑だ。設計通りの非常に高い構造性能を発揮するよう、一つ一つのパネルに固有な要求に合わせて丹精こめた作業を行う。

　カーボンファイバーを貼るときには鋳型の輪郭にぴったりと合っていないと、作業がまったく無駄になってしまう。鋳型の隅とカーボンファイバーとの間や、微妙で複雑な造作の部分に隙間が開いていてはならない。そこで貼りつけの作業を行うときには、ヘアドライヤーで充分暖めて樹脂を柔らかくしておき、繊維をしなやかにしておく。樹脂をあらかじめ繊維のなかに染みこませておくとカーボンファイバーを貼る作業がやりやすくなる。室温でも若干粘り気が出て、垂直な面に貼りつけても、あとになって剥がれ落ちないのだ。ちなみに樹脂の持つこうした特性を、粘り気を意味する言葉である"タック"と呼ぶ。

　ヘアドライヤーだけでなく外科用のメスと塗り薬を塗るときのヘラをも動員して、鋳型とツーリングブロック周辺部の複雑で微妙な造作部へ貼りこんでいく。その際、層の間に気泡が閉じこもらないように注意する。隣り合う小片は互いに重なり合わせて貼り、まったく隙間のない仕上がりとする。カーボンファイバーはやや大きめに切ってあるので、貼りつけをする作業員はきっちり正確な幅で重なり合うよう大きさを切り整えればよい。

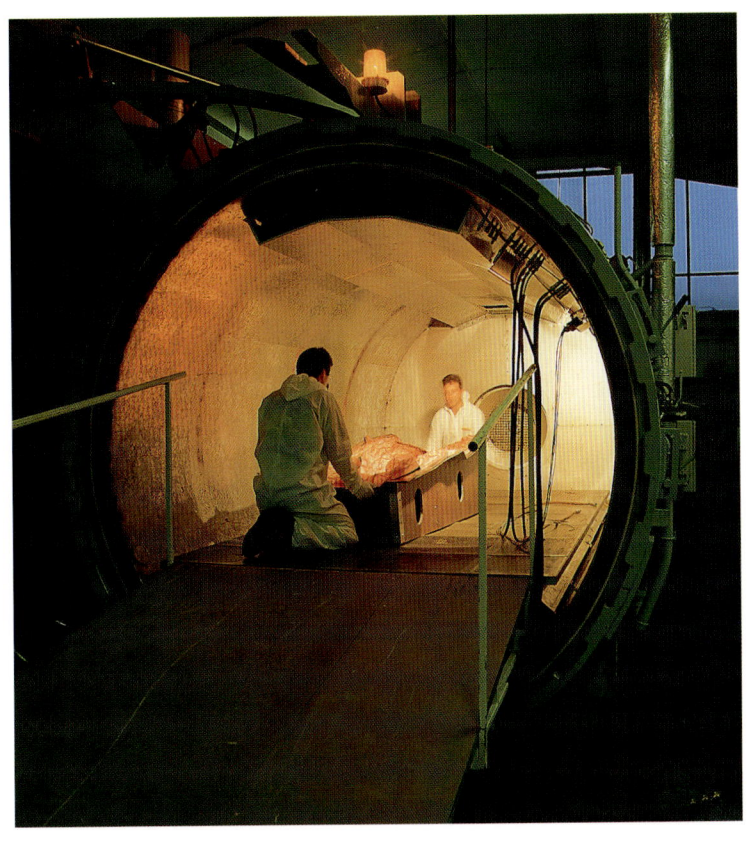

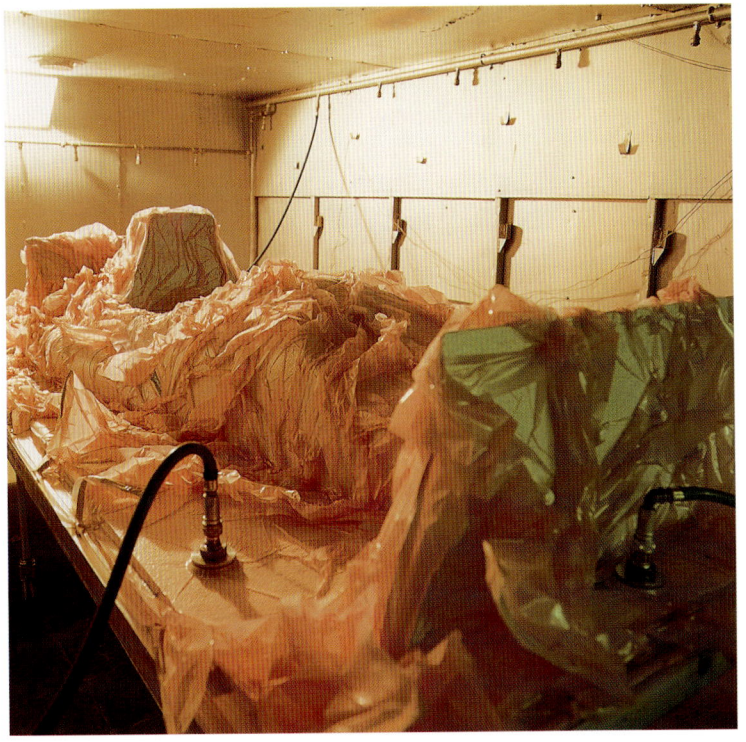

オートクレーブで焼き上げる

　最初の2ないし3層を貼り終えると、次の工程に進む。所期の形状の忠実なコピーとなるように各層をしっかり結合させ、鋳型の輪郭に圧着する作業だ。鋳型とパネルをそのままの状態で、特注の真空バッグに包みこみ、オートクレーブと呼ばれる大型の加圧室に入れる。オートクレーブ内部はほぼ真空で温度もやや高めに設定する。この"結合強化および圧縮"と呼ぶ工程を数回繰り返すうちに、カーボンファイバーの層が形成されていく。

　この工程が進行するのと並行して、カーボンファイバーから"流れ出た"余分な樹脂を取り除く作業がある。この作業そのものには色々な方法があり、どの方法を採るかはチーム次第だ。取り除く樹脂の正確な量は、コンポジットエンジニアの目指す繊維と樹脂の比率により決まる。つまり完成品の構造的性能が大きく左右されるわけだ。綿に似たポリエステルの布を1枚、カーボンファイバーの外側の層と真空バッグの内壁との間に挟みこむ。ブリーザーレイヤーと呼ばれるこのポリエステルの布は空気を通し、ここに余分な樹脂と様々な揮発性化学物質が溜まっていく。一方リリースレイヤーと呼ばれる非粘着性のフィルムを1枚ブリーザーレイヤーとカーボンファイバーの間に挟んでおいて、この二つがくっつかないようにする。

　カーボンファイバーの層に直接強い圧着力をかけるため、さらにもう一層かぶせる場合がある。今度のは布やフィルムではなく、固形の層(アルミニウムあるいはカーボンコンポジット製)だ。プレッシャープレート、当て板、強化板など様々な呼び方をされているが、使うかどうかはチームの判断次第だ。

　カーボンファイバーの層をもれなく鋳型に貼りつけ、完全な外形を呈するスキンができ上がると、鋳型とパネルをそのままもう一度真空バッグで包みこみ、オートクレーブに戻す。この時の真空バッグの内部温度は1回目よりはるかに高く、かける圧力も強烈だ(およそ7kg/cm^2)。こうしてカーボンファイバーの各層は緊密に圧着され、きわめて強固な構造となるのである。

　完成したパネルスキンは通常、このような状態でおよそ2時間半おかれ、その間に硬化して岩のように硬くなる。こうしてでき上がったパネルスキンの厚みはわずか2～3mmに過ぎない。

　シャシーパネルは製造工程中、全部で3回オートクレーブの中に入る。1回目は1枚目のカーボンファイバーのスキンを貼り終えた後、次がアルミニウム・ハニカム層を挟みこんだ後、3回目にして最後は2枚目のスキンを貼り終えた後だ。

アルミハニカムを挟みこむ

　2枚のカーボンファイバースキンに挟まれたアルミニウム・ハニカム層の厚みは、シャシーの各部位にかかる構造的な負荷がどのくらいになるのか、その予測値によって大幅に異なる。その予測値はコンポジットエンジニアが有限要素解析の段階で算出する。ハニカムは貼り合わせの前にあらかじめ規定の大きさに切られて送られてくる。位置決めには最大限の精度を要する。ハニカムが両方のスキンに均一に圧着していないと、構造的な負荷が均一に分散しないからだ。

　混ざり物のない樹脂の膜を1枚、スキンとアルミニウム・ハニカム層との間に敷く。これが硬化して比類なき強力な接着力を発揮するのだ。

強化部材を入れる

　サスペンションコンポーネントを保持するためのボルトをはじめとする、各種固定具がシャシー構造を貫通する箇所や、ドライバーの安全ベルトアンカーなどの付属品を固定する箇所には、インサートと呼ばれる局所的な強化部材をアルミニウム・ハニカム内部に組みこむ。インサートなしでボルト留めすると力が加わるうちに動いてしまい、ハニカムが壊れてしまうだけでなく、いずれカーボンファイバーのスキンまで割れてしまうのだ。インサートはカーボンファイバーを貼り付ける前に、あらかじめ成型されて送られてくる。おのおのの中央にドリルで開けた穴が開いている。大抵はアルミニウムの塊から加工した成型品で、さもなければ商品名タフノルというあらかじめ樹脂を染みこませた超高密度繊維素材を使う。

　ツーリングブロック同様インサートの位置は例外なく事前に決まっている。コンポジットエンジニアが有限要素解析の段階で決め、3次元座標デジタイザーが木型に位置を示す。鋳型にもその位置は"投影"されるが、その際用いられるのが可塑性樹脂であるポリテトラフルオロエチレンでできた小径のピンだ。これを付属品を取り付けるべき位置に正確に開けられた穴に嵌めこみ、頭が突き出るようにしておけば一目瞭然だ。この小径ピンは鋳型からパネルを最終的に引き剥がすときには簡単に割れてしまうので問題ない。

　オートクレーブで再度一定時間を過ごしたあと、2枚目のスキンを貼る。この作業が終わると次に鋳型についていたツーリングブロックをすべて取り外し、パネルを分離する。こうしてパネルは"仕上げ"へと送られ、完結したシャシー構造となるべく、集大成の作業を受ける。

　シャシーパネルには取り外し可能でなければならないものが二つある。ノーズコーンとダンパーカバーだ。後者はコクピット開口部直前にあり、フロントサスペンションのインボード側部品をカバーしている。ノーズコーンの製作方法は他のシャシーパネルとなんら変わるところはなく、カーボンファイバーのスキン2枚が、1層のアルミニウム・ハニカムを挟みこむ。一方ダンパーカバーの製法はやや異なる。これはストレスメンバーではないので、スキンも1枚だけでハニカム層もない。

　シャシーパネルをいくつ作るかは、おのおのパネルがどの程度必要になるかの予測次第でまちまちだが、言うまでもなくクラッシュに備えてノーズコーンは最もたくさん作っておくのが常套手段だ。

THE CHASSIS

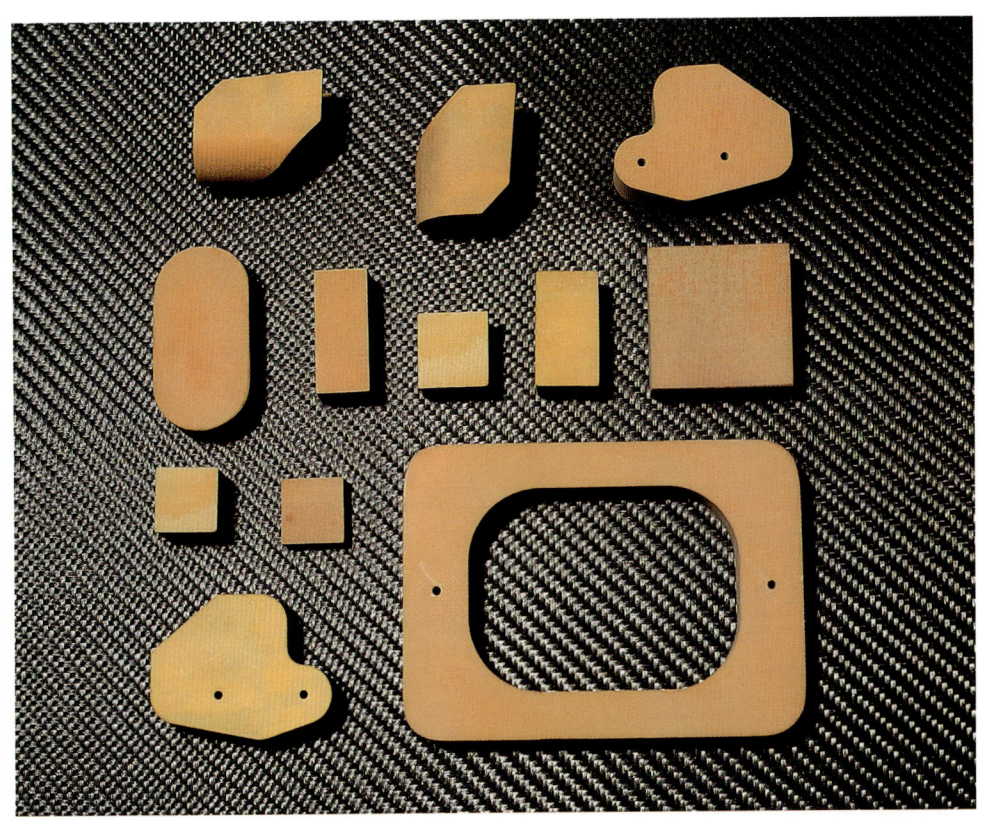

バルクヘッドを組み込む

　フロアパネルを接着してメインシャシーパネルを恒久的に"封印"してしまう前に、内部にバルクヘッドを2個取り付ける。これにはエポキシ系接着剤を用いる。二つのうち一つはシートバックだ（写真に写っている）。カーボンコンポジットでアルミニウム・ハニカムを挟んだパネルで形を作り、ドライバーシート直後に据える。これは燃料セルを収納するコンパートメントとコクピットの間の仕切りになる。もう一つはダッシュバルクヘッドだ。平らな"輪"でその中をドライバーの脚が通る。製法はシートバックと同じでコクピット開口部直前に位置する。

　二つのバルクヘッドはシャシー全体の強度・剛性の向上にも役立ち、内部の強度部材として働いて、コーナリングや衝突時に発生する力でシャシーが菱形に変形するのを防ぐ。

シャシーの仕上げ

　シャシーパネルの仕上げと言えば、主として各種インサート用の穴を大きくしたり、ネジ山を切ったり、穴の入口の部分を拡げて皿型にする作業を言う。インサートには外部、内部を問わず後の工程であらゆるコンポーネントが固定される（手の届きにくい箇所はシャシーがまだ各部に分かれている段階のほうが作業しやすい）。いま述べた作業を行うのに、巧妙にできた5軸の自動ドリルを使うチームもあるが、大抵のチームは一組の型板を用いた手作業のほうを好んで採用している。いずれの方法にしても、正確な位置決めを期するためにシャシーパネルはスチールジグにしっかりと固定される。

　穴を開ける主な位置を以下に挙げてみよう。まずメインシャシーパネルの頂部。ここにはフロントサスペンションのインボード側部品が固定される。パネル前部にはノーズコーンのアタッチメントとフロントウィッシュボーンのマウントがつく。パネルの両サイドにはサイドポンツーンのアタッチメントがつく。パネル後部にはエンジンマウントがつく。フロアパネルには空力的効果を発するアンダートレイが固定される。

THE CHASSIS

33

chapter 2 CRASH-TESTING
クラッシュテスト

　万が一の事故の際にもドライバーは必ず適切に保護されるよう、FIAはチームに対して、新型車を出すたびに厳格なクラッシュテストを受けるよう指導している。ロラント・ラッツェンバーガーとアイルトン・セナの命を奪った悲劇の1994年サンマリノ・グランプリ以降、安全面での改善策が大々的かつ早急に導入されている。二人の事故の後もF1界を不安に陥れる事故が続発し、安全性強化にさらなる拍車がかかった。なかでもカール・ヴェンドリンガーの命をすんでのところで奪いかねなかった、1994年モナコ・グランプリのプラクティス中に発生した大クラッシュを契機に、ドライバー頭部を以前にも増して保護する必要性が大きくクローズアップされた。

　1997年シーズン開幕に合わせてF1にも航空機タイプの"ブラックボックス"搭載が義務づけられた。重大事故発生の原因を解明するのに役立つ、貴重な情報がここに記録される。アイルトン・セナが死亡した事故原因の解明がなかなかはかどらなかったため、この事故に促されるかたちで"ブラックボックス"が導入される運びになったのだ。ドライバーはもとより、観客の安全をも本腰を入れて確保すべきことは、ここで改めて強調するまでもない。例を一つ挙げよう。1997年イギリス・グランプリでは、コース全周にわたって50名の医師がいつでも動ける態勢で待機した。サーキット内のメディカルセンターには、神経系の負傷や火傷などをはじめとする各分野の専門医が大勢待機し、25台の救急車と救急隊員をサポートする態勢を採った。

　11あるF1チームのうちウィリアムズ、ベネトンなど7チームは、クラッシュテストをクランフィールド・インパクト・センター（CIC）で行っている。同センターはイギリスのベドフォードに程近いクランフィールド・インスティテュート・オブ・テクノロジーに属する一機関だ。各チームは1日の使用料2500ポンドを支払って施設を借り切る。またマクラーレンはクランフィールドから程遠からぬナニートンにある、モーターインダストリー・リサーチ・アソシエーション（MIRA）で行う。イタリアに本拠を置くフェラーリとミナルディは母国のテスト施設を使い、スイスがベースのザウバーもイタリアチームと同じ施設を使う。

　本章に掲げた写真はクランフィールドのCICで撮影したが、他のテスト施設が備える設備もおおむねCICと同様である。

CRASH-TESTING

45km/hで前面衝突

　FIAが定めるF1クラッシュテストは、現実に起こりうる事故を広範な範囲で模擬的に再現して、その結果を測定評価するのを目的に作られている。最初に行うテスト、そして最も派手なクラッシュを演ずるテストは前面衝突のシミュレーションだ。このテストでは二つの項目を測定評価する。まず一つはドライバーの足と足首が重傷を負わないように保護する機能がノーズコーンに備わっているか。次にシャシー構造一般、特にノーズコーンに衝突時発生する動的エネルギーを拡散する機能が備わっており、結果としてドライバーは急激な減速度による負傷を免れるか、この二つである。

　クランフィールド・インパクト・センターでの"前面衝突テスト"では、テスト基準を満たすべく、バンジージャンプで使うような太いゴムの綱をつけたシャシーが全長15mのランプ上を突っ走る。ランプには下向きに11度の傾斜がついており、麓で待ち受ける25mm厚の鋼鉄の板に激突させるという仕掛けだ。この鋼鉄の板は巨大なコンクリートブロックに埋めこまれているので、なにをしようが微動だにしない。

　前面衝突テストでは、少なくとも毎秒12mのスピードで衝突させることとFIAは定めている。これは45km/hを少し下回るスピードで、F1衝突事故の現実からして、いかにもそぐわない低い数字と思われるかもしれない。しかしシャシーが何か固い物にぶつかるまでの間に、エネルギーの大半はランオフエリアに敷きつめられたグラベルの抵抗と、サスペンションの変形により吸収されてしまうのである。それに何段にも積み重ねた古タイヤに守られた長いガードレールも相当量変形してエネルギーを吸収する。

　一方FIAが定めるクラッシュテストに使われる鉄製プレートは1cmたりともへこんでくれたりはしないのだ。

体重75kgのダミードライバー

　鉄製プレートに衝突した瞬間、シャシーの平均減速度は25Gを上回ってはならない。減速度の最大値はこれよりずっと大きいが、これはあくまでも瞬間的な数値に過ぎない。損傷はノーズコーン本体に留まっていること、すなわち接合面を超えてシャシーにまで損傷が及んではならない。

　車に乗っている人間への影響を評価し、その結果を踏まえてシャシーとノーズコーンに前面衝突テストで発生する力を拡散する能力が備わっているかを確認するため、体重75kgのダミーがコクピットに搭乗する。ダミーはF1での使用を許可されたマルチポイントの安全ベルトで、がっちりと固定される。胸部には加速度計がついており、衝突した瞬間の減速度を測定する。FIAのレギュレーションでは、この時の減速度は60Gを上回る力が3ミリセカンド以上発生してはならないと定めている。

　テストをできるだけ現実の事故に近い状況で行えるように、シャシーには燃料セルを装着し（中身は水だ）、コクピット内には中身の詰まった消火器も積みこむ。コース上で事故が発生した際、これらの部品が構造的にどの程度の力を生むのか再現するのだ。シャシーのエンジンマウント部にはチューブラースチールでできた頑丈なそりを取り付ける。このそりに乗せられてシャシーは傾斜したランプ上を高速で滑り落ちていく。そりにはシャシー後端部以降の車のマスを再現する役割もある。すなわちエンジン、ギアボックス、駆動系、リアサスペンション、ブレーキ、アップライト、ホイール、リアウィングのマスを総計した重量が課せられている。CICで用いるそりの重量は430kgだ。

　FIAのレギュレーションによりシャシーとそりの組み合わせ重量は最低でも780kgあることと定められているから、実戦での状況を再現するには鉛のバラストを追加する場合もある。

テストのためのシャシー

　電動ホイストがチェーンを巻き上げていき、シャシーとそりを後ろ向きにランプの頂上へと引きずり上げる。ランプ頂上付近のあらかじめ決められたポイントに到着すると鉄製の留め具で固定される。その僅かなあいだをぬって計測機器を最終的にチェックする。作業員は一人を残して全員が安全な物陰に避難する。一人残された作業員が安全ボルトを引き抜き、なんとか身の安全がはかれる所まで退散する。

　鉄製の留め具が解除されるとシャシーは文字通りランプ上の宙を浮きながら滑り落ちる。そりは車輪ではなく、空気を介在させたベアリング4個の上に載っているのだ。確かにそりの両側には計4個の小径ローラーがついており、滑走中これがランプの側部フランジを瞬間的にかすって真っ直ぐ進むようになってはいるが、滑走そのものは事実上なんの摩擦もなく、落下スピードは何度やっても必ず同一である。

　ライフルの発砲音にも似た大音響が建物全体の壁という壁にこだまする。すべてが予定通り運べばノーズコーンは衝突の瞬間、先端から順に潰れて、エネルギーを吸収しているはずであり、しかも他のどこにも損傷は及んでいないはずだ。FIAの検査員が特に念入りにチェックするのは、ドライバーの安全ベルト固定部分とコクピット内部の消火器だ。

　そりには加速度計が2個備わり、減速度を測定する。二つのうち一つからデータが採取できればテストは成立だ。どちらか一つが衝突の瞬間壊れた場合に備えて、おのおのが補完的な役割を果たしているのだ。衝突時のスピードは光電管が計測する。

　ビデオテープがテストの一部始終を撮影する。1秒あたり2000コマの高速度撮影だ。チームとテストセンターとの間には契約により守秘義務があるので、技術的にデリケートな映像がライバルチームの手に渡る恐れはない。

　通常"データシャシー"と呼ばれる前面衝突テストを経験したシャシーそのものが、残りのクラッシュテストすべてを受けるのが決まりだ。それだけではない。必要な部分を修理したあとは実戦にも駆り出されるのが普通だと聞かされると、大抵の人は目を丸くする。データシャシー以降に作られたシャシーについても同様、複数のクラッシュテストを受ける。2番目以降のシャシーの自重はデータシャシーの自重の5％以内に収まっていなければならず、構造的にまったく同一だと証明できるものが必要である。

　シャシーが規定のテストすべてに合格すると、FIAの検査員はクラッシュに充分耐えうると認め、後から改ざんされる恐れのない塗料でシールされた特製のプレートを貼る。

39

追突に備える

　1997年シーズン開幕より、F1は後方からの衝撃を吸収する構造をも備えるように義務づけられた。他の車に後ろから"襲いかかられたり"、後ろ向きにスピンしてなにか固いものに激突した際ドライバーを保護するためだ。後方からの衝撃吸収構造はギアボックス後部に取り付けられており、ノーズコーンと基本的に同じカーボンコンポジット構造だ。ただノーズコーンより小型でその形状も車により様々だ。この衝撃吸収構造が有効に働くかどうかを試すのが"後方衝突テスト"だ。

　前面衝突テストと同じランプとそりを用いて行う。ただ後方衝突テストの場合は車体の該当部分が移動するのではなく、ランプの麓に固定される。そこを目掛けてそりが滑り落ちてくる。もう少し詳しく説明しよう。まずテストの対象となる車のギアボックスに衝撃吸収構造を取り付ける。ただしリアサスペンションとリアウィングは省略する。こうして用意した衝撃吸収構造のギアボックスは、ランプの麓に据えつけた鉄製プレートにしっかりとボルト留めされる。普段ならエンジンをボルト留めするポイントをそのまま利用する。こうして段取りが付くと45×55cmの鉄製プレートを前に構えたそりをランプの頂点まで引っ張り上げ、そいつをギアボックスと後方衝撃吸収構造目がけて解き放つのだ。

　後ろから追突してくる車の重量と同じにするため、そりには重りを積んで780kgに設定する。これだけのものがギアボックスと後方衝撃吸収構造に毎秒12m、およそ45km/hで衝突する。前面衝突テストと同じスピードだ。FIAのレギュレーションでは構造物の損傷範囲はリアアクスルを超えて及んではならないと規定しており、なおかつそりの平均減速度は35Gを上回ってはならず、最大値は3ミリセカンドの間に60G以上あってはならない。

ノーズコーンが外れないか

"ノーズプッシュオフテスト"と呼ばれるクラッシュ・シミュレーションではノーズコーンが側方から強打される事故を再現する。このテストを受けるのはデータシャシーのみだ。目的はノーズコーンが横方向からぶつけられてもシャシーから外れず、車にとって最も大切な衝撃吸収構造が失われずにいることを確認する点にある。この種の事故ではフロントウィングの強靱さがあだとなり、これが梃子の役割をしてノーズコーンをもぎ取ってしまうのだ。

これまで述べた前面および後方からの衝突テストと異なり、ノーズプッシュオフ・テストは静的テストだ。衝突テストには2種類ある。静的(スタティック)テストと動的(ダイナミック)テストだ。静的テストというのは追突時の力を一定の圧力を加えることで再現する。一方動的テストの方は物体をテストの対象物に対して一方的にぶつけることで、実際の衝撃力を加える方法を言う。

ノーズプッシュオフ・テストを行うに先立って、シャシーはエンジンマウントポイントによってチューブラースチール製の頑丈なフレームにがっちりと固定される。次に30×10cmの長方形をした鉄製プレートをシャシーにあてがう。位置はノーズコーンとの接合面にできるだけ近い所だ。そうしておいて、シャシーの反対側から加えられることになる、相当大きい力に耐えうるようしっかりと押しつける。同じ大きさの鉄製プレートを今度はノーズコーンの反対側にあてがう。位置はフロントアクスルラインの55cm前方だ。最初に据えた鉄製プレートは同じ位置に固定されたまま動かないが、2番目の鉄製プレートはウォームギアにより横方向からゆっくりと負荷をノーズコーン側面へとかけていく。こうして重大な側面衝突時に発生するのに等しい力を加えるのだ。

ウォームギアには加重を電気的に処理するロードセルが備わっており、シャシーに加わる横方向の力を計測できる。ウォームギアはじわりじわりとノーズコーン側部を押して行き、その力は最終的に40kN(4トン)に達する。そこで30秒停止し、しかるのちにゆっくりと力を抜いていく。

この工程を1回行ってカーボンコンポジットがひび割れてしまったとか、マウントポイントが壊れるといった構造的な損傷が認められなければ、立会いのFIA検査員は当該シャシーはノーズプッシュオフ・テストに合格したと判断する。

ロードセルが送る電気信号をすぐそばのコンピューターが受け、コンピューターはリアルタイムでグラフを表示する。歪みの進行速度だけがノーズコーンに加わる力の強まる速度に関係なくどんどん早くなっていくと、グラフ上でじわじわと伸びていた上昇線が突然がっくりと落ちてしまう。重大な損傷が起こったか、起こる寸前である証拠だ。この時点でその場にいあわせたチーム関係者が指示を出して、テストを中止することが認められている。手の施しようのないほど壊れてしまっていないかぎり、同じシャシーの弱かった部分を再度強化して(もっとも重量は増えるが)、もう一度テストに臨むチャンスがあるのだ。

側面から衝突されても

　クラッシュが起こりうると想定される三つの部分について、3種の静的テストが行われる。このテストは三者三様だが似ているところもある。これは"スクイーズテスト"と呼ばれる一連のテストで、鉄製プレートを使ってシャシーを横方向に圧縮し、側面衝突の衝撃を再現する。

　3種あるスクイーズテストのうち2種、最初と最後のテストにはノーズプッシュオフ・テストと同じ30×10cmの鉄製プレートを使う。

　スクイーズテスト全般を通じて、シャシーはエンジンマウント部でしっかりと固定し垂直方向に動かないようにする。シャシーの形状によっては鉄製プレートに両側から挟まれて上に飛び出してしまう場合があるからだ。力を加えるのはウォームギアでロードセルとリンクしている。シャシーの変形量はその内寸をもって計測する。3種のテストすべてにおいてレギュレーションが定めた圧縮力をかけても破損せず、元の形状から1mmの誤差で瞬間的に戻れば、恒久的な変化はなかったと実証され、当該シャシーは合格となる。FIAのレギュレーションでは変形は20mmを超えてはならないとしているが、こんな数値が記録されるケースは滅多にない。その前にまず間違いなく構造的に壊れてしまうからだ。

　1番目のスクイーズテストはシャシーフロント部の決められたポイントに対して行う。前輪とサスペンション・アッセンブリーが、コクピットのフットウェルに侵入して来るのを防ぐ構造になっているかを見定めるのが目的だ。また衝撃を受けてシャシー内部が変形し、ドライバーの足と足首を押しつぶしてしまわない構造であることを確認するのも、もう一つの目的だ。データシャシーでは25kN（2.5トン）の力がかけられ、2番目以降に製作したシャシーには20kN（2トン）の力をかける。

　2番目のスクイーズテストはシャシー中央部の決められたポイントに対して行う。ドライバーの上半身が収まるコクピット部へ、横方向からシャシーが食いこんで来ない構造であることを確認するテストだ。F1レースに出場する予定のシャシーはすべて1台ずつこのテストを受ける。直径20cmの鉄製プレートが30kN（3トン）の力で圧縮する。

　最後のスクイーズテストはシャシー後部に対して行う。ここでも30×10cmの鉄製プレートを使う。燃料セルの収まっているコンパートメントが、横方向からの力を受けても変形しない構造になっていることを確認するテストだ。変形の度合いが大きければ燃料セルは破裂しかねない。かける力はデータシャシーには25kN（2.5トン）、2番目以降に製作したシャシーには20kN（2トン）だ。燃料セルが収まっている部分の中央部、構造的に一番弱い所に力をかける。

さらに側面安全性を高める

　1994年に起きた悲劇的な事故を契機として、F1クラッシュテストのレギュレーションも改定を迫られたが、そのなかでも最も大きな意味合いをもつのは、"ダイナミック・サイドインパクト・テスト"が導入されたことだ。この結果1995年シーズンの開幕以降、F1のシャシー両側はサイドインパクト吸収構造であることが義務づけられた。

　大方のデザイナーはシャシー両側に力が加わると変形する"突起"をサイドポンツーン内部に取り付けただけだったが、なかには高度に革新的な構造を考案したデザイナーもいた。サイドポンツーン前にこれ見よがしに突き出した"突起"より、空力面でのうまみを持たそうというのだ。最も大胆な手法を採ったのは1998年のベネトンB198で、ニック・ワースがこのチームで最初に手がけた車だった。同様な構造が1995年のシムテックにも見られたが、この車のデザインをしたのもワースだった。

　クラッシュテストの基準に合格するには、まずシャシー側面を前にして、鉄製フレームに固定する。さらにシャシー側面の輪郭にぴったりと合った頑丈な型で固定しておき、固定されたのと反対側のシャシー側面に衝撃を加える。まずフレーム構造の高い鉄塔から振り子をぶらさげる。この振り子の先端に45×55cmの鉄製プレートを取りつける。振り子は円運動をするので、鉄製プレートがサイドインパクト吸収構造にぴったり垂直に当たるよう、あらかじめ平行四辺形のジオメトリーがついている。ぶつける位置は決まっており、コクピット開口部のおよそ真ん中あたり、鉄製プレートの中心はシャシー基部から27.5cmとなっている。強度的に一番弱いポイントを狙うわけだ。

　衝突時には、780kgに相当する力が加わり、その時のスピードは秒速7m、およそ25km/hだ。鉄製プレートの裏面には加速度計がついており、振り子の先にぶらさがったこのプレートの平均減速度は10Gを超えてはならない。また損傷はサイドインパクト吸収構造域内にとどまり、シャシー本体に及んではならない。このテストを義務づけられているのはデータシャシーのみだ。

下から突き上げられたら

　燃料セルが収まる部位を下側から突き上げられた際のシャシー強度を評価するのは"アンダーサイド・インパクト・シミュレーション"で、前に述べた横方向のスクイーズ・テストと同じ静的テストだ。ただこのテストではシャシーは側面を下にして置き、ウォームギアが直径20cmの鉄製プレートを動かし、シャシー底部に力を加える。

　エンジンマウント・ポイントにて位置決めされたシャシーは、ロールオーバーバーの部分でがっちり固定される。そのロールオーバーバーには固定された側の反対側から力が加わっていく。このテストに合格するには、データシャシーの場合は30秒間にわたって12.5kN(1.25トン)の圧力に耐えねばならない。計測はロードセルが行う。ちなみに2番目以降に製作されたシャシーは10kN(1トン)の力に耐えられればよしとされる。許容変形量は横方向スクイーズテストの値と同じだ。

転覆からドライバーを守る

　幸いにしてF1では転覆事故はめったに起きない。最近では1996年のアルゼンチンでルカ・バドエルの乗るフォルティが転覆したが、ドライバーは事なきを得ている。万一こうした状況に陥っても、車には乗員を保護する機能が備わっていなければならない。

　"ロールオーバーインパクト・テスト"では転覆事故の模擬テストを行う。静的テストで、ロードセルのついた直径20cmの鉄製プレートを油圧で動かし、ロールバー頂部からじわりと下向きに力を加える。

　シャシーはエンジンマウントポイントによって、鉄製のチューブラースチール製の台に取り付ける。台には車のノーズ側が高くなるよう角度をつけられ、しかも片方に傾いている。通常転覆事故ではいろいろな方向から力が掛かるわけで、その多様な力のかかり具合の組み合わせを再現したいからだ。具体的には、まず横方向に働く分力は車のX軸まわりのローリングによって発生する。縦方向に働く分力は車の前に進もうとする力によって発生する。ただしこの力は車が衝撃を受けた瞬間に進もうとしていた方向によって、前方向にも後ろ方向にも働く。そして垂直方向に働く分力。これは車が落下する際に発生する。

　加えられる力は76kN（7.6トン）。これは垂直方向で57.39kN（5.74トン）、縦方向で42.08kN（4.2トン）、横方向で11.48kN（1.15トン）に相当する。力が加えられる間、シャシーは苦悶の声さながらに軋み音をたてる。FIAのレギュレーションでは、構造的な変形は50mmを超えてはならず、変形の範囲もロールオーバーバーの頂部から100mm以内にとどまっていることと定められている。

　1998年シーズン開幕に先立って、"ロールオーバーインパクト・テスト"にもう一つの別のテストが追加になった。直径10cmの鉄製プレートをコクピット開口部の直前めがけてぶつけるのだ。ちょうどこの部分の内部には、ロールオーバーバーと同じ役目を果たすカーボンコンポジット構造の強化部材が通っている。加える力は75kN（7.5トン）。しかし前に述べたテストと違い、角度をつけて力を掛けるのではなく、真っ直ぐに掛ける。この2種のテストを受けるのはデータシャシーだけでよい。

DANKA
DANKA
DANKA
DANKA
REMUS
SPORTEXHAUST
parmalat
parmalat

コクピットを守る

　クラッシュテストにはいろいろがあるが、ドライバーが乗るコクピットまわりを保護することこそ、他のなににも増して重要である。スタート直後、第1コーナーの雑踏のなかから弾き出されて宙を舞う車が襲いかかって来ないとも限らない。なにがぶつかってきてもその衝撃に耐え、車体下部方向につぶれることなく、コクピット両サイドは充分に保護されていることを確認するのが"コクピット周辺テスト"の目的だ。

　これは静的テストでおのおの直径10cmの鉄製の丸いプレートを2枚用いる。この2枚をロードセルとリンクしたウォームギアが、コクピット開口部の両側からじわりじわりと締め上げていく。力を加えるポイントは、およそコクピット開口部の中間部と決まっている。データシャシーにかけるのは10kN(1トン)、2番目以降に作られるシャシーは8kN(0.8トン)の力がかけられる。

　FIAがコクピット周辺テストに設けた変形量のリミットは、前に述べた横方向スクイーズ・テストとアンダーサイドインパクト・シミュレーションと同じだ。

ステアリングの安全性

　重大な前面衝突に際してもドライバーの頭部を保護するためFIAは、ステアリングホイールにはディフォーマブルストラクチャーが組みこまれているか、さもなければステアリングコラムがコラプシブル構造となっていることと定めている。いずれの場合も充分な衝撃吸収能力が求められ、これを立証するために"ステアリングホイールインパクト・テスト"を行う。

　テストすべき構造物に、フレームで組んだ鉄塔からつり下げた重りを当てるという点では先程述べたダイナミック・シャシーサイドインパクト・テストに似ている。ただシャシー全体をそっくり据えつけるのではなく、テストに直接関係のある部品、すなわち操向装置の主要部品のみを位置にすえる。またダイナミック・シャシーサイドインパクト・テストのと比べて、このテストに使う仕掛けははるかに小型だ。だからステアリングホイールに垂直に衝撃が加わるようにとの配慮から、振り子には平行四辺形のジオメトリーはついていない。鉄製の重りは半球型をしており重量は8kg、直径は165mmある。振り子のアーム端部に取りつけられたこの重りを、ステアリングコラムと同軸上にあるステアリングホイール中央部めがけて振り下ろす。衝突時のスピードは秒速7m、およそ25km/h。半球型をした重りの裏面には加速度計が仕こまれており、3ミリセカンド以上の間、平均減速度が80Gを超えなければテストは合格だ。さらにテスト終了後も、ステアリングホイールは通常の方法で取り外しが可能で、ドライバーが車から抜け出せることが条件になっている。

chapter 3 AERODYNAMICS
エアロダイナミクス

　F1の設計で最も重要な要素、それは空力を置いて他にない。ジョーダンやスチュワートなどでチーフデザイナーを務めたゲイリー・アンダーソンは、車の性能の8割は空力で決まってしまうと言い切っている。

　モーターレースの世界では何十年ものあいだ、空力というのは単純に直線路でスピードを稼ぐ手段だと見なされていた。しかし空気の力をうまく利用すれば、コーナリング性能もブレーキ性能も各段に向上できる。F1の歴史における最近の30年は、デザイナーがこの事実に気づき、技術的に最も大切な要素として空力をひたすら追求してきた30年だった。

　タイアの進歩と相まって、空力デバイスは現代のF1に底知れぬコーナリング能力をもたらした。いまや高速コーナーでは実に3.5を超す横Gを発生する。比較のために言うなら、一般路を走る乗用車が耐えられるのは、せいぜい横Gで1を少し超える程度だ。大体そのレベルに達するとタイアがグリップを失い、横滑りが始まる。

　F1の持つ、この桁外れなコーナリングスピードの鍵を握るのがダウンフォースだ。ダウンフォースで車はコースに押しつけられ、タイアのグリップも増す。航空機の翼のちょうど反対の機能を、F1の空力デバイスは担っているわけだ。コーナリングスピードだけではない。ダウンフォースのおかげでタイアがよくグリップするからブレーキ性能も向上する。

　1998年の新レギュレーションは安全性の見地からこのダウンフォースを減らす目的で導入された。これら一連のレギュレーション変更により、ダウンフォースは従来より15%程度減ったが、とにかく開発ペースの早いF1のこと、失ったダウンフォースの大半は同じ1998年のうちに何らかの形で戻るだろうと予測された。

　F1につく空力補助装置の大半は、カーボンファイバーのスキン2枚でアルミニウム・ハニカムの層をサンドイッチした構造だ。木型製作、鋳型製作、カーボンファイバーの貼りつけと、製作工程は第1章で述べたシャシーの製作方法と基本的に同じだ。

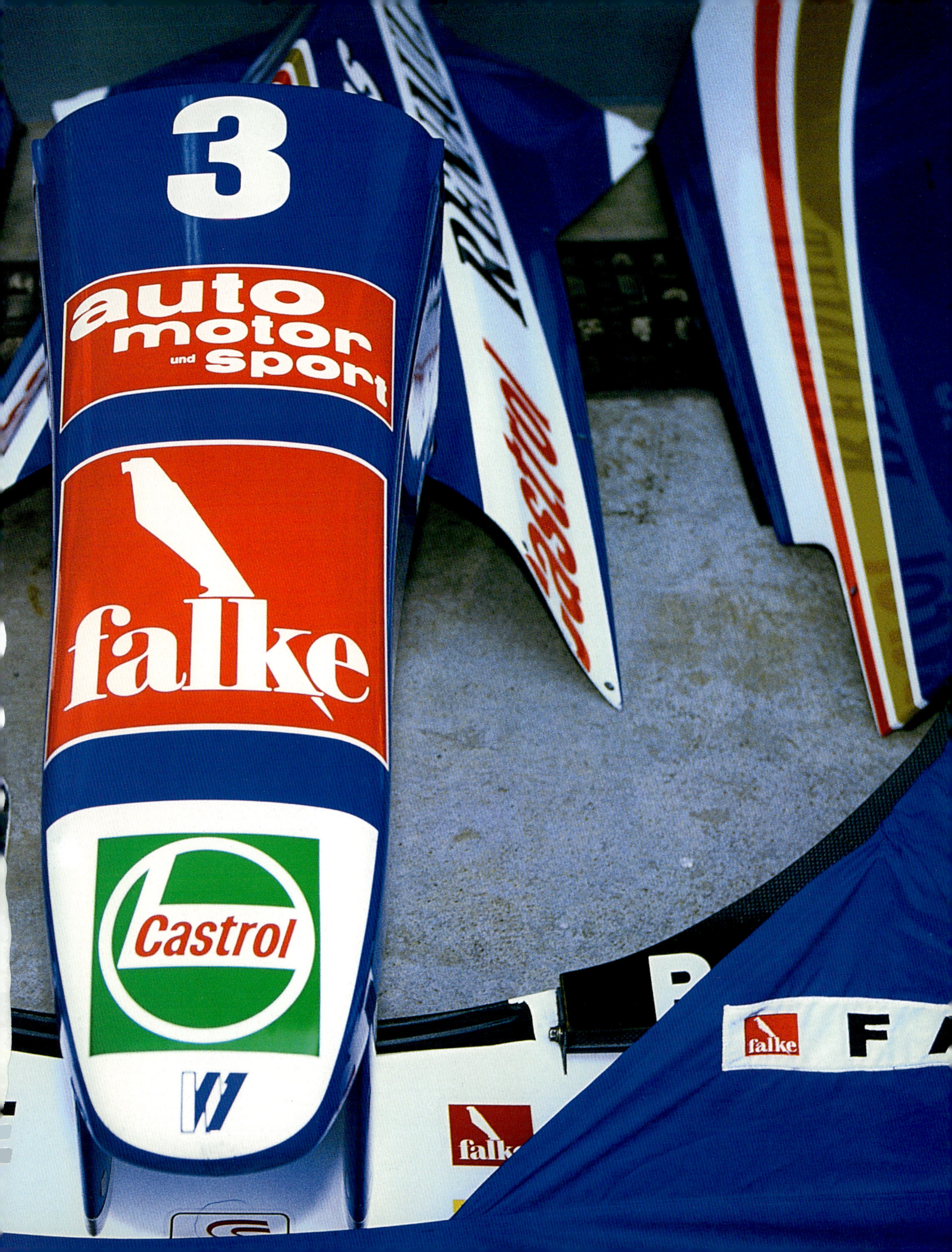
3
auto
motor
und
sport
falke
Castrol
falke
falke

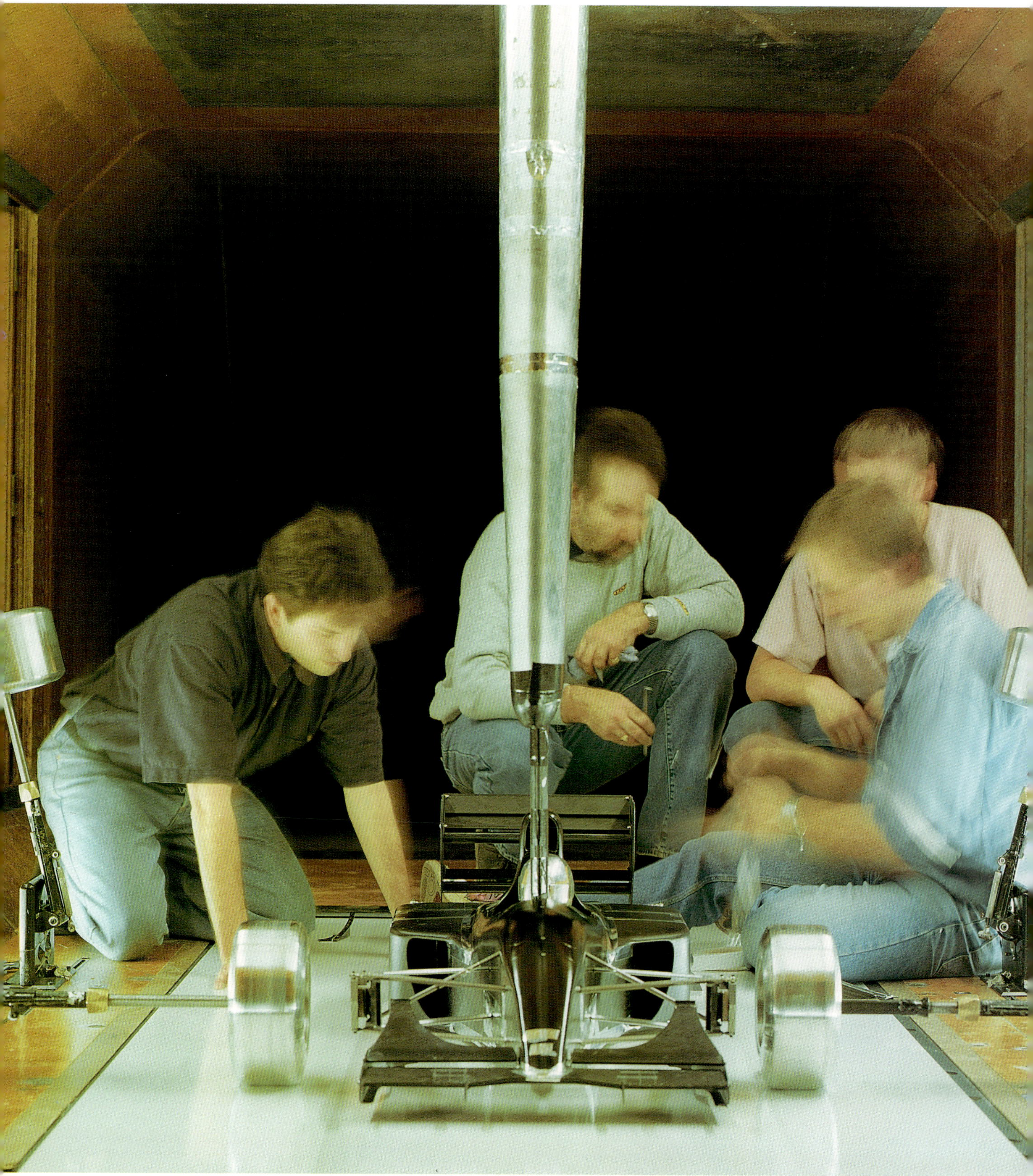

風洞テストを繰り返す

　F1はそもそもの成り立ちからして空力的に"クリーン"な形状ではない。FIAのレギュレーションにより、その単座ボディに屋根はつかないし、ホイールもボディに包まれているのではなく外に剥き出しだ。だからF1で高い空力効率を達成するというのは相当手ごわい問題なのだ。

　サーキットこそ究極のテストグラウンドだが、まずは風洞でこの難問に取り組む。

　細部まで素晴らしく精巧なスケールモデルを風洞テストのために作る。このモデルには空力に関連する実車の造作がもれなく忠実に再現される。F1テストに使われる風洞は大抵40から50％の縮尺モデルを収容する。テストでは性能の向上を目指し、何十という部品を試す。いろいろな形をしたノーズコーン、リアディフューザー、サイドポンツーン部のエアインテーク、前後のウィングなど。車各部の空力効果はどうしても相互に関連する傾向にあるから工程は複雑だ。空力専門家は突風や先行車の起こす乱流など、外部からの要素も性能に影響することを知っている。トップチームでは最高5人まで空力専門家が常勤している。そのくらい考慮すべき要素がたくさんあるのだ。

　風洞テストを行うのはなにも車の設計段階だけではない。確かに最も集中的に行うのは設計段階だが、シーズンを通じて続く。より良き性能を求める開発に終わりはなく、常に改良を重ねている。

風洞を流れる空気

　風洞というのは一見して想像するよりはるかに複雑な装置だ。稼働中の風洞の写真というと大抵、流線型の柱に宙づりになったモデルを写したものが多いが、全体から見ればこれはほんの一部分に過ぎない。ちなみにモデルを宙づりにするこの部分を作業区域と呼ぶ。外から見えないところに置かれた巨大なファンが推し出す強力な空気の流れが、モデルの上を通過する。空気は相当な距離を流れて作業区域にいたる。作業区域の直前で通路の上下左右がぐっと一点にすぼまり、気流が加速する。ここの部分を収縮ノズルと呼ぶ。

　作業区域を通過した空気は循環してファンのところまで送り戻され、何度も何度もモデルの上を通過する。これはテストの条件を一定にするためで、もし外気を導入してしまうと温度変化を来たし、あらかじめ設定していた空気の密度が変わってしまうのだ。

風洞内で"走らせる"

　可能な限り実際の条件を正確に再現するため、風洞モデルは移動するベルトの上に宙づりにされる。実車はコース上を走るが、テストではモデルを固定する代わりにベルトを動かして二者の相対的な動きを再現する。"ムービンググラウンド"と呼ばれるこれは、コンベアベルトを想像していただければよい。風洞内部を通過する空気の流速に呼応したスピードでベルトも移動する。ここまで手間をかけるのも、実際の状況を正確に再現したいからだ。

　4つのタイアとホイールは実は風洞モデルに取りつけられているのではなく、ほんのわずかだけ離して位置決めされている。ムービングベルト両側から伸びる水平のストラットが1輪ずつ支える。一方タイア／ホイールはベルトには接しているから、速度に見合った回転数で回る。こういう配置をすればおのおののホイール／タイア・ユニットが発生する抵抗を個々に計測できる。

　タイアの径は大きいし形は変えようがないので、これが起こす抵抗は相当大きく、車の総抵抗のおよそ3分の1にも達する。空力専門家としては車の他の部分を変更すると、タイアが発生する抵抗がどう変わるかをぜひ見極めたいのだ。

AERODYNAMICS

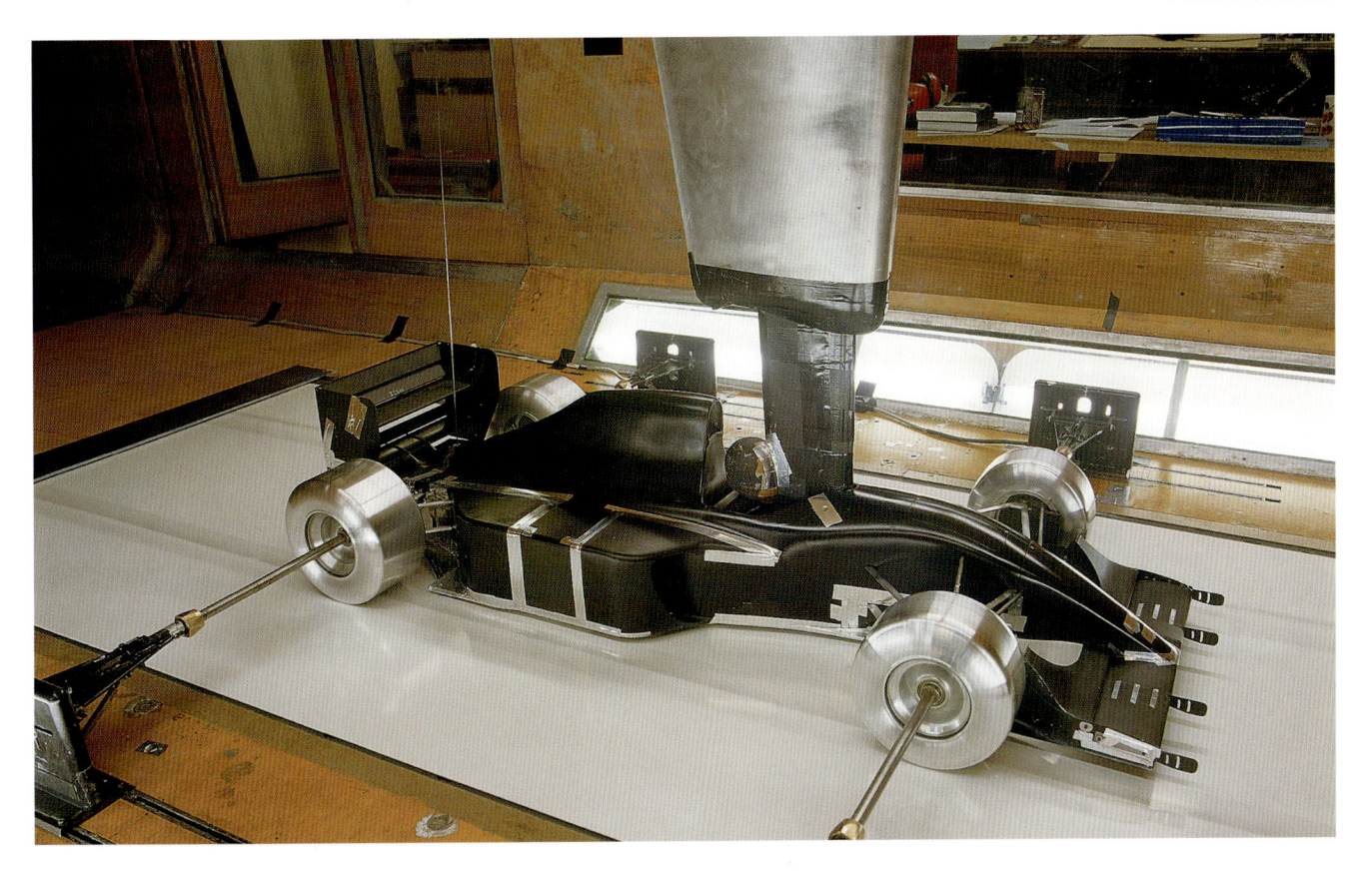

より安定したレーシングカーを目指す

　流線型をしたストラットが上から縮小モデルを宙づりに支える。このストラットそのものも、モデルにかかる主要な空力を計測する複雑なシステムの一部だ。結果として得られたデータは風洞コントロールルームに送りこまれる。このコントロールルームからは風洞の作業区域が見渡せるようになっている。空力専門家が特に重点を置くのはダウンフォース、抵抗、バランスの三つの条件だ。

　絶えざる実験の結果をもとにモデルを修正していくので、風洞テストが進むにつれダウンフォースのレベルは着実に向上していく。モデルの下をベルトが高速で移動するのだが、このムービングベルトが常に平滑面を保つよう、作業区域の真下には巧妙な吸引システムが必要だ。小さいとはいえこの縮小モデルレーシングカーは侮れぬダウンフォースを生み出し、ベルトの一部を自分の方に引っ張り上げてしまうのだ。

　空力性能において抵抗の占める部分はきわめて重要だ。抵抗一つでせっかく車が潜在的に持っているスピードも活かされないだけでなく、燃料消費率にも悪影響がおよぶ。抵抗を抑えつつダウンフォースを増やす、ここが空力専門家の腕の見せ所だ。

　レーシングカーの空力では、バランスという言葉はピッチングと上下動に対してどれだけ挙動を乱されずにいられるか、その安定度を表す意味で使われる。加速すると車のノーズはぐっと上がる。逆にブレーキング時にはノーズダイブする。このような車のY軸まわりの姿勢変化をピッチという。ピッチすると車の圧力中心が前後に移動して車が安定しない。圧力中心をできるだけ動かないようにする、たとえ移動しても影響を被りにくい車を作る、この二つが風洞テストの主な目的だ。車の上下動とは垂直方向の動きで、すなわち最低地上高の変化を言う。コースにはでこぼこがあるから車の地上高は一律ではない。地上高が変化するとやはり安定が乱れる。ダウンフォースが思いもかけず変化するからだ。コンピューターコントロールのサーボを使えば、風洞稼働中でもモデルのピッチアングルと地上高をリモートコントロールできる。こうして空力専門家は、これらの可変要素が車のバランスにもたらす影響を見極めることができる。

風洞は自社で持つ

　F1チームは大抵自前の風洞を持っている。例えばジョーダンは1997年に270万ポンドかけて自社の風洞を建てた。ただ、なかには風洞テストを他のところで行うチームもある。マクラーレンもそんなチームの一つで、ロンドン近郊テディントンにある、ナショナル・マリタイム・インスティテューションが運営する風洞を独占使用する契約を結んでいる。ティレルは1日およそ1500ポンドでサザンプトン大学の風洞を借りていたが、1998年始めにボーンマス国際空港内に自社の施設を建てた。ちなみにティレルはこの風洞をヨーロピアン・アヴィエーション社と共用していた。

　チームが風洞テストをこなす量は、自前の風洞を持っているか、あるいは一般に開放された既存の施設を風洞の持ち主ともども第三者と一緒に使うかによって決まる。後者の場合だと使いたいときに使えないときもあるし、予算の枠も足かせになるだろう。年間に行う風洞テストの総時間数は最低で50時間前後、最大で150時間前後まで様々だ。

　どうしても今すぐに風洞テストをしないと間に合わない。そんな時には施設が遠いなどとは言っていられない。1997年シーズン開幕にあわせてF1参戦の準備を進めていたスチュワート・チームがそうだった。自前の設備が不充分だった同チームは、大西洋を渡りアメリカはカリフォルニア州サン・クレメンテにある、スイフト社の施設を借りて風洞テストを行ったものだ。

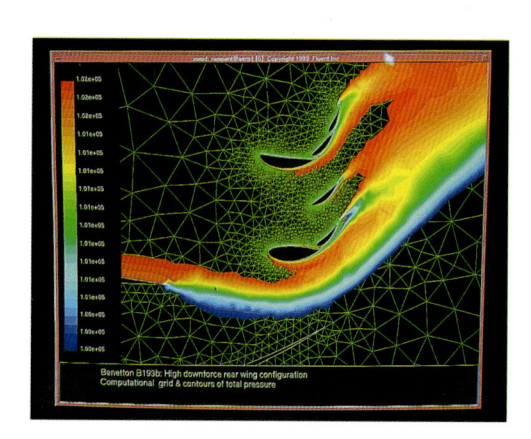

見えない空気を見る

留まることを知らない技術の進歩ゆえ空力テストのやり方も変わりつつある。風洞テストでは今やレーザー光線を使う。これを使うと乱流の様子が"視覚化"できるし、特定のポイントに絞って気流を計測できる。また空気の流れに干渉することなくその特性を正確に計測できるメリットがある。

また風洞テストではコンピューターの威力を活かして空気の流れる様子を分析し、テストの精密度を高める傾向がますます強まっている。科学の世界で最近目ざましい進歩を遂げた一分野に、計算流体力学(CFD)がある。これを応用すると風洞モデルを実際に製作する前に、ある一定の形が生む空力特性が予測できてしまう。また風洞でテストモデルを実際に用いて得た結果と、予測数値を比較してテスト方法の正確度を高めるにも計算流体力学は役に立つ。

第1章で触れた有限要素解析による構造分析法同様、計算流体力学の分析結果もカラーコード化されてディスプレイされるので容易に判定をつけられる。

フロントウィングの設計

フロントウィングは通常、車のダウンフォースの総量のうち25％前後を生み出す。ところが先行する車の背後にぴたりとついて走ると、そのダウンフォースの実に30％もが失われてしまう。前を行く車が起こす乱流のせいで後続車の空力効果が損なわれてしまうのだ。最近のF1で追い抜きがあまり見られなくなってしまった大きな理由がここにある。

序章でデザイナーはできるかぎり重量物を前方に持っていくように努めると述べた。重量のかさむ主要コンポーネントであるエンジン、ギアボックス、燃料はどうしても後部に集中せざるをえず、相対的にリアタイアに掛かる重量が大きくならざるをえないからだ。荷重をフロントタイアに移すと、重量配分の点で好ましいだけではない。実は空力的にもメリットがある。

理由を説明しよう。リアタイアに掛かる荷重が大きければ大きいほど、コーナリングフォースを維持するために、リアに大きなダウンフォースが必要だ。しかしそうすると空力的には抵抗も増えてしまう。だから荷重を前寄りに移しておいて、増えた荷重の分だけフロントウィングでダウンフォースを補強してやる方が望ましい。その方が総体的なバランスがよくなる。

フロントウィングアッセンブリーは通常2ないし3枚の翼で成り立っている。大抵ノーズコーン下側から伸びた流線型のストラット2本で支えられるが、時にはストラット1本で吊る場合もある。2本ストラットのなかには、より高い横剛性を得るため真っ直ぐ下に降ろすのではなく、斜めにしたりアーチ状にしているのもある。

翼の端部には翼端板がついて一番効率が良いように空気の流れを導く。また翼端板があると翼の端から空気の流れが"溢れ出して"しまわないので効率の損失を防げるし、フロントタイア回りの流れがスムーズになる。フロントウィングを通過したあと、車体下部を流れる空気がスムーズかつ正しい方向に向かっていないと、アンダートレイとリアディフューザーは本来の性能を発揮してくれない。

フロントウィングとコース面とのすき間は調整可能だし、ウィングも一枚一枚個別に角度調整がきく。角度がきつくなるほどダウンフォースも大きくなる。

ダウンフォースを高めるため、大抵の車はフロントウィング後縁に"ガーニーフラップ"をつけている。レース界の歴史にその名を残すアメリカ人の名ドライバー、ダン・ガーニーにあやかって命名されたこれは、カーボンファイバー製の細いパーツで、ウィングに取りつけるリップだ。こうするとウィングはさらに大きなダウンフォースを生み出す(同様のデバイスはリアウィングにもリアディフューザーにもついている)。それでも足らずもっとフロント・ダウンフォースが欲しいときには、本来のウィングアッセンブリーの上方に2枚の翼を追加する場合もある。この"口髭"状の小型ウィングを最初に登場させたのはティレル・チームだった。

AERODYNAMICS

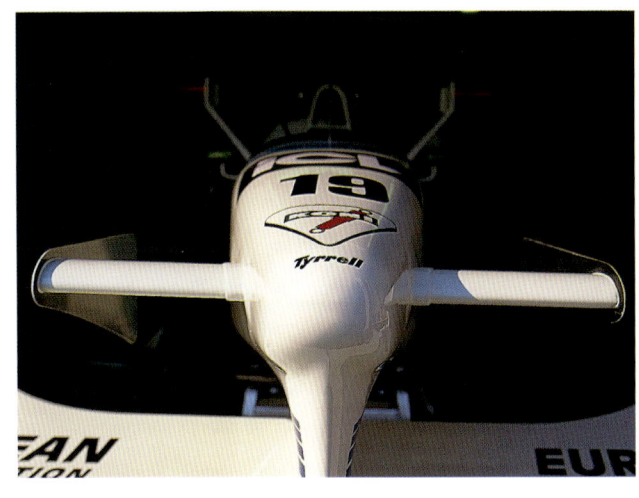

レギュレーションの間隙をついたウィング

　フロントウィングアッセンブリーをコース面に近づければ効果は高まるが、どこまで近づけていいかの限界を定めるレギュレーションがある。1993年FIAはフロントウィング翼端板からコース面までの最小許容クリアランスを40mmと大きくした。それまでは25mmしかなかった。

　フェラーリは1997年に、特殊な張り合わせ加工を施したカーボンファイバーで造ったフロントウィングを持ち出してきた。これは空力的な負荷がかかると両端が下方に曲がるようになっていた。つまり翼端板とコース面とのすき間が狭まり、抵抗を増やさぬまま空力効果を高めることができたわけだ。車が静止状態にあるときには空力的にはなにも効いていないから、このフェラーリのフロントウィングとコース面とのすき間はFIAが求める最低量をクリアしている。ところがこのウィングは、端を手で押しただけでも下に曲がるほど柔らかかったのだ。普通なら両端に大のおとなが数人立っても、曲がったかわからないくらい強固だというのに。

　FIAのレギュレーションは"可動する空力的装置"を禁じている。空力に関係のある部品は、例外なく車が走行中一定位置に固定されていなければならない。ところがこのレギュレーションは、空力補助装置の位置なり角度を機械によって変えることを禁じた条項であると一般的には受け止められており、ウィングの硬さについての明言はなかった。そこにデザイナーがつけこむ抜け穴があった。フェラーリはこのレギュレーションを字面どおりに解釈し、本来の主旨は見て見ぬふりをした。F1の世界ではよくあることだ。

　どんな構造物でも負荷がかかれば、ある程度はしなる。航空機の翼しかり、テニスラケットのシャフトしかり。硬すぎると壊れてしまう。フェラーリの意表を突くフロントウィングが、始めからある意図をもって柔構造に設計してあるのは誰の目にも明らかだった。F1立法府は頭を抱えた。ところでアメリカで大々的に行われているCARTチャンピオンシップに出場するレースカーには、F1との近似点がたくさんあるのだが、CARTのオフィシャルはウィングをはじめとするボディの特定部分に重りをぶらさげてしなりの量を測り、一定の許容量を超えていないかを確認している。

　FIAはF1にも同じ解決策を1998年に導入した。

AERODYNAMICS

乱流を整える

　バージボードと呼ばれる整流板がグランプリに初めて登場したのは1994年だった。修正翼とも呼ばれるこれは、ボディの両脇に取りつけられ、フロントウィング以降の複雑な乱流をコントロールする。フロントウィング以降の乱流を整理しないまま流してしまうと、後方に位置する他の空力装置が本来の効果を発揮できなくなってしまうのだ。

　1998年に新しいレギュレーションが導入され、フロントホイールはこの整流板がコントロールする空気の流れのなかに収まるようになった。整流板の果たす役割は一層重要になったわけだ。

　整流板には様々なサイズ、形があり、その組み合わせも自在だ。車が求める空力特性とこれから走るサーキットにより使い分ける。整流板には一定の配列に従って細長い穴が開いており、そこをフロントサスペンションの部品が貫通する。多種多様な整流板のなかには低くて後ろに裾を引き、ほぼサイドポンツーン開口部にまで達するものもあるかと思えば、丈が高くて長さを切り詰めたものもある。

　写真に収まっているのは1997年モデルのミナルディで、この車には裾を長く引いた整流板がついている。イタリアはファエンツァを本拠とするこの小さなチームは、一流チームと違い、資金不足で工作機械など設備もままならなかったが称賛すべき成績を残し、このチームからジャンカルロ・フィジケラを筆頭として、トップドライバーが一人ならず巣立っていった。

　ミナルディの車はチーフデザイナー、グスタフ・ブルナーの手になる。ブルナーの上に立つのがテクニカルディレクターのガブリエーレ・トレドッツィだ。

ハイノーズの流行

　F1にハイノーズを流行らせたのはティレルのデザインチーフ、故ハーヴェイ・ポスルズウェイトだった。車体下部に可能な限り大量の空気を送りこみたいという要求から、このトレンドは急速に広まった。車体下部ではアンダートレイとディフューザーが空気の力を利用してさらなるダウンフォースを生み出す。1998年モデルのフェラーリではノーズを高くしたあまり、ドライバーの踵を収める窪みを設けざるをえず、ノーズコーン底部にぽこりと二つ突起が突き出していた。

　「いまどきのドライビングポジションなんて、湯船に横たわって両足を蛇口に乗せ、コントロール類を動かしているようなもんだよ」とはマクラーレンのドライバー、デイヴィド・クルタードの言葉だ。

　車によってはノーズにはっきりとした隆起があるがこれは空気の流れをコクピット周辺およびインダクションポッドに導くためだ。

　マクラーレンのテクニカルダイレクター、エイドリアン・ニューウィーは誰もが認めるF1界で最も才能に恵まれたデザイナーだ。そのニューウィーの英知を惜しげもなく注入してできたのが、1998年モデルのMP4/13だ。この車によりマクラーレンの名は見事返り咲いた。

アンダートレイの効果

　F1で空力的に最も重要な部分を観客が目にする機会など滅多にない。せいぜい車がクレーンで宙高く吊り上げられた時くらいだろう。そう、F1の最も重要な空力部品であるアンダートレイは車の底についているのだ。カーボンファイバーでアルミニウム・ハニカムをサンドイッチ構造にしたパネルで、三つの平面から成り立つ。中央の"竜骨"を挟む左右の平面はこれより一段高くなっている。アンダートレイはシャシー底面に直接取り付ける。

　ここで話は1978年にさかのぼる。当時コリン・チャプマンが設計したロータスF1が勝ち星を欲しいままにしていた。チャプマンはダウンフォースを生み出すにあたって、まったく新しいコンセプトを具体化したのだ。この車のサイドポンツーン内部には大きなウィングがマウントされており、しかもそのウィングの働きを一層効果的にするため、上下に動く"スカート"が車の両脇とコース面のすき間を塞ぐようになっていた。この革命的なロータスはまったく合法と認められ誰もがこぞって真似をした。後にF1デザインにおける"グラウンドエフェクト"時代と呼ばれる、新時代の到来だった。

　1983年いわゆる"フラットボトム"レギュレーションが導入され、グラウンドエフェクト時代にピリオドが打たれた。ダウンフォースを減らし、危険なまでに高まっていた、F1のコーナリングスピードに歯止めをかけるのが目的だった。このレギュレーションは、アンダートレイにはダウンフォースを生むいかなる形状の付加物をも取り付けてはならないと定めていた。だが、一方でリアディフューザーに関してはどんな形状にしようとも事実上まったくのフリーハンドを認めていた。ちなみにディフューザーとはアンダートレイ直後に位置して上方に向かってスロープを描く空力デバイスだ。

　アンダートレイとリアディフューザーの関係はとても重要だ。ディフューザーは上に向かって持ち上がっていく形状をしているから、車底面とコース面とのすき間は拡がる。従ってここでは空気の流れるスピードは遅くなる。川幅が拡がると水の流れが遅くなるのと同じ理屈だ。空気の流れるスピードが遅くなると圧が高まる。圧が高まれば空気はディフューザー後部から高速で排出される。そうなると今度はアンダートレイ下部の空気が引き寄せられ、流速が早くなる。アンダートレイ下部の空気の流れが加速すると圧は弱まる。ゆえにダウンフォースが生まれ、車はコース面に吸いつくのだ。

リアディフューザーとアンダートレイ

　1998年に導入された新レギュレーションにより、車の全幅は従来より20cm（10％に相当する）狭くなり、最大トレッドも200cmから180cmに狭まった。チームはサスペンションを短くして、ホイールを車体に近づける方法でこのレギュレーションに対応した。ボディ幅そのものを切り詰めるとアンダートレイの面積が減り、ダウンフォースが犠牲になってしまうからだ。一方リアホイールは従来リアディフューザーが占めていた部分に割りこまざるをえず、ディフューザーの面積は25％ほど減ってしまった。ダウンフォースの減少は避けられなかったのである。

　ギアボックス・ケーシングの輪郭を取り囲むように形づくられたリアディフューザーは、複数の短いトンネルから成り立っており、これが事実上リアホイール間の空間すべてを占めている。リアディフューザー内に設けられた"スプリッター"が最大の効果が出るよう空気の流れを導く。形状と位置は風洞でとことんテストして決める。アンダートレイ同様、リアディフューザーもカーボンファイバーとアルミニウム・ハニカムのサンドイッチ構造だ。アンダートレイからの延長物ではあるが、ディフューザーは後方衝撃吸収構造部に固定される。なお衝撃吸収構造部自体はギアボックスにつく。

　アンダートレイ前部中央には"スプリッター"が1枚垂直に立ち、空気を両サイドと車体下部に導く。

　風洞テストでリアディフューザーの形状を変更するたびに空力専門家はそれに合わせてアンダートレイの長さを"チューン"する。彼らが欲しいのは絶対的な最大値ではなく、一定の条件を満たした上での最適なダウンフォースだ。デザイナーはダウンフォースだけでなく車の空力バランスにも配慮しなければならず、ブレーキング、加速、コース上の不整などの影響で車の挙動が乱れるのをできるだけ抑え、安定して走れるように目指す。

排ガスの流れとダウンフォース

　リアディフューザーのどの部分へエグゾーストパイプを出すか、その正確な位置は空力専門家が風洞テストで決める。リアディフューザーの占める部分は空力的にはきわめてデリケートで、そこに排ガスなどという強烈なエネルギーが入りこんでくると、車の安定性は根底からくつがえるほど重大な影響をこうむる。排ガスをうまく流してやらないと、ドライバーがスロットルペダルから足を離した瞬間に、車が予想もしないピッチングを起こす。排ガスが生むダウンフォースとはそれくらい強力なのだ。エグゾーストパイプの端部は上向きの角度がついており、リアディフューザーの上に位置する車もあれば、下に位置する車もある。

　いま述べたように、排ガスとリアディフューザーの相互作用は非常に大きな影響力をもつ。ゆえに風洞テストではエグゾーストパイプの縮小モデルを作り、その中に高圧空気を送りこみ、できるかぎり正確に空力的な影響を再現するようにしている。FIAのレギュレーションでは、今やエグゾーストパイプは車の空力部品の一つとして分類されているのだ。この部分の空気と排ガスの流れを改善できるならばと、四角いテールライトの取り付け方法まで手を加えるほど細かい神経を使っているチームもある。この透過力の強いテールライトは、視界不良の際にドライバーが点灯する安全装備なので、取り付け位置はFIAのレギュレーションで決まっている。ただしこれを45度ほど傾けるのはまったく合法と見なされており、これにより下隅の位置が上がり、空気の流れから遠のき実効を上げている。

　この部分の空力特性を洗練するために考えるべき要素は枚挙に暇がないが、高熱の排ガスがリアサスペンション部品を傷めることのないよう配慮も忘れてはならない。

フラットボトムからステップトボトムへ

　ダウンフォースが強ければ強いほど、コーナリングスピードは速くなる。ゆえにFIAは過去数度にわたり、安全性の見地からダウンフォースを減らす対策を打ち出してきた。1994年シーズン開幕に先立ってFIAは、チームが最低地上高を高くせざるをえないレギュレーションを導入した。最低地上高が増えるとアンダートレイ／リアディフューザーは強大なダウンフォースを発生できないのだ。アンダートレイに10mm厚の木材を取りつけること、レギュレーションはこう定めていた。レースが終わってその木材の厚みが9mm以下だと、当該車両は違法に低い地上高で走行したと見なされ失格となってしまった。

　1994年イタリアのイモラ・サーキットでラッツェンバーガーとセナがたて続けに命を落としたのを契機に、FIAはコーナリングスピードをさらに抑えるレギュレーションを大急ぎで導入した。この時もやり玉に挙がったのはダウンフォースで、今度はリアディフューザーの長さが制限された。

　1995年シーズン開幕に合わせて、FIAはダウンフォースをさらに減らすべく通称"ステップトボトム"レギュレーションを導入した。アンダートレイの両側に50mmの高さの段を設けるよう定めたことにより、アンダートレイのほぼ全面と路面とのすき間が大幅に広がった。1983年発効のレギュレーションをもとに生まれた"フラットボトム"は文字通り平らな1枚板だったが、それが今日我々が目にするような2段3面構成のものに変わった。否応なしにダウンフォースは大幅に低下した。

　結果的にアンダートレイ中央部は"竜骨"部を形成するようになった。そこにはやはり10mm厚の木材を貼らなければならなかったから、新しい"ステップトボトム"レギュレーションにより実際の地上高上げ幅は都合60mmとなった。ただしシャシー直下の中央部分はこのかぎりではなく、この部分のみは従来の地上高と変わりはなかった。

　このような難題を前にしてF1デザイナーは奮い立ち、創意工夫をこらして立ち向かった。結果今日にいたるまでダウンフォースはレギュレーション改定前のレベルまで大方戻った。ただし地上高が高くなったせいで、レースファンはチタン製スキッドが宙高く舞い上げる壮観な火花のシャワーを見られなくなってしまった。このスキッドはフルタンク時、車が"腹を打って"傷つかないようアンダートレイとフロントウィングの翼端板についていたのだった。

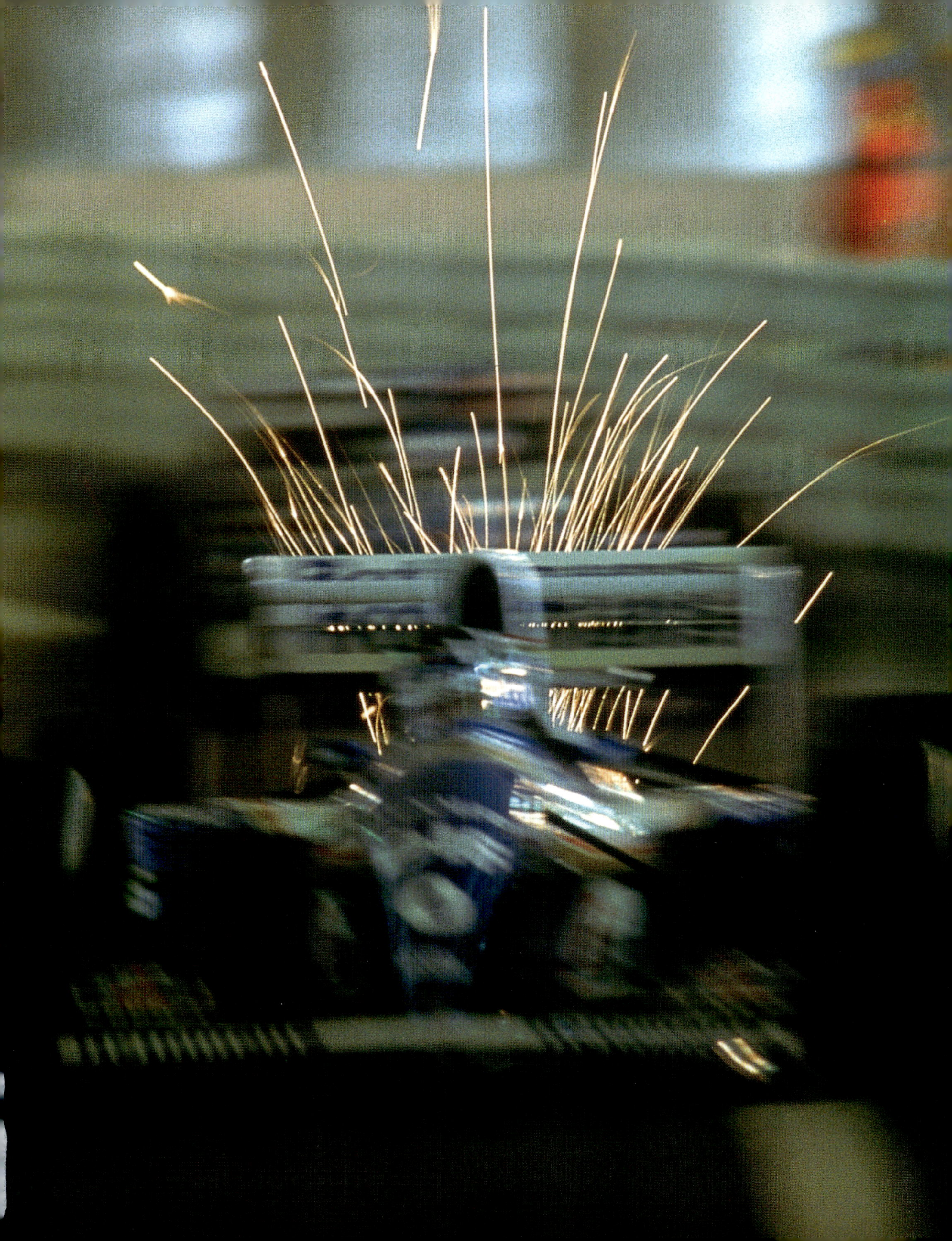

サイドポンツーンの形状

　サイドポンツーンは内部にラジエターダクトを収容し、フロントとリアホイールの間の空間を"埋める"ほぼ流線型の構造物だ。車の各部位における空力は相互に作用する傾向にあり、それだけにデザイン工程も複雑になるのだが、サイドポンツーンの形状を決めるデザイン工程などその複雑さを示す好例だ。例えば高さ一つ決めるにしても妥協は避けられない。ラジエターが入る程度の高さは必要な一方、リアウィング上段の翼を通過する空気の流れに干渉する程高くてはならない。

　サイドポンツーンの高さはまた車の上面全体を通過する気流にも影響する。フロントタイアの上を通過した空気の流れはサイドポンツーン上面を流れ、リアタイアの上を流れていく。空気の流れが3か所で向きを変えるわけだが、サイドポンツーンの高さによってその流れ方も変わってくる。気流がどう向きを変えるかによって、車が発生するダウンフォースの総量も変わるし安定性にも影響するという具合だ。

　アンダートレイの長さはサイドポンツーンの長さと直接関連する。"シャドウプレート・ルール"として知られるFIAのルールにより、上から見たときサイドポンツーンはアンダートレイの外周部より大きくてはならないと定められている。この足かせをはめられてもなお、サイドポンツーンの長さと高さおよび形状は車の総合的なリフト対抵抗比率に影響する。この比率は極めて重要な要素で、ここでも設計段階で妥協点を求めざるをえない。

ラジエターへ空気を取り込む

　サイドポンツーンのエアインテーク形状は重要で、風洞テストで決める。できる限りスムーズに空気をインテークに流してやらないとラジエターが本来の性能を発揮できない。1998年モデルのプロストAP01では、エアインテークに非常に鋭いエッジがついている。加えてこの車には、サイドポンツーン前に優雅な形をした"バンパー"がついているのが特徴だ。このバンパーはサイドインパクト・ディフォーマブル構造でありながら、同時に空力的な機能も持たされており、ラジエターに空気を送りこんだり、気流を車体下部と側面に導く助けをしている。

　プロスト・チームはリジェを受け継ぐ形で発足した。監督は4度ドライバーズチャンピオンに輝いたアラン・プロストだ。以前はフランス中部マニクール・サーキットに居を構えていたが、現在はパリ郊外ギュイオンクールの新工場に移った。チーフデザイナーはロワック・ビゴワだ。

サイドポンツーンの中身

　サイドポンツーンのなかにはカーボンファイバーでできたラジエターダクトがある。形状は風洞テストで決めるが、ラジエターにいたるまでの空気の流れは、ひたすらスムーズでないといけない。空気の流れが乱れると、冷却風がラジエターコア全面にくまなくかつ均等に当たらないので、オーバーヒート気味になる。

　ラジエターダクトを設計したがどうも効率が悪い。それではとラジエターを大型化するという手は頂けない。そんな手を使えば空力抵抗も重量も増えてしまう。

　ドライバーがミスを犯してコースサイドのグラベルベッドにはまると、大量の小石がラジエターダクトの中にすくい上げられてしまう。かりに首尾よくコースに戻れたとしても一難去ってまた一難、最初にブレーキを強く踏んだ瞬間、中身は奔流となって前方にぶちまけられる。ドライバーは自らまき散らした砂利の上を走るはめになる。

ヘルメット周りの乱流

　インダクションポッドに空気をスムーズに送りこんでやれば、エンジンは最大限の性能を発揮できる。それだけにこれは重要課題だ。ドライバーのヘルメット周辺で起こる乱流をうまくまとめて、"クリーン"な気流だけをインダクションポッドに送りこむため様々な方法が試みられている。

　ヘルメット周りの乱流を減らす重要性がここにきてクローズアップされている。そうしないとエンジンにいたる気流が乱れるだけでなく、空気の流れによってドライバーの集中力が削がれてしまう場合があるからだ。"トリップ・ストリップ"をはじめとするヘルメットの形状はどれも風洞でできたものばかりで、高速でのリフト傾向を抑え、周囲の気流を整えヘルメットの振動を減らすのに役立っている。

　かつてのパースペックス製ウィンドスクリーンを彷彿させるものや、コクピット前部を低く取り囲むようにカーボンファイバーのフェアリングをつけた車があるが、目的はみな同じ、上に述べた通りだ。

　1997年フェラーリは2本の長い空力的付加物を試みた。45度の角度がつけられ、コクピットから前方にボディ前端部まで伸びていた。高さおよそ10cm、厚み3.5cmのこれはドライバーのエディ・アーヴァインがかねてから訴えていた振動を減らし、インダクションポッドにいたる空気の流れを改善するのが目的だった。

オンボードカメラ

　オンボードカメラからの映像には目が釘づけになってしまう。これによってF1に対する一般の人々の見方が一変してしまった。カメラは空力的な乱れを最小限に抑える形状をしたアルミニウム製の流線型フェアリングの中に収められている。おのおのの車が少なくとも2台のカメラを積むのがきまりで、さもなければ同じ重量のダミーを積まなければならない。2台のうち1台はロールオーバーバーの頂部が定位置だ。こうして映し出される画面を世界中の何千万という人がテレビで観る。それだけではない。同じ画面がコースサイドに設けられた巨大なスクリーンにも映し出され、サーキットに集まった観衆もこれを観る。

　流線型をしたフェアリング内部でカメラ自体が占めるスペースはごくわずかだ。フェアリング内部の大方は発信機とテレメトリー・データ・レシーバーが占領している。スプールに巻き取られた透明フィルムがレンズの前を通過し、虫の死骸やオイルなど走行中に付着する汚れを運びさって常に鮮明な画像を保つ。

　カメラは、すべてフォーミュラワン・コンストラクターズ・アソシエーション（FOCA）が支給する。画像はサーキット上空を飛ぶヘリコプターを介して伝わる。どのレースでも全車がカメラを積んでいるが、同時に映せるのは3台までで、これが世界中のテレビネットワークを通じて伝えられる。FOCAとカメラの間は双方向通信で結ばれており、スイッチをオンオフしたりレンズクリーナーを操作できる。

独創的なウィング

　ダウンフォースを増すため車にウィングを追加するケースはままある。ハンガリー・グランプリなどそのいい例で、中速コーナーに終始するこのコースでは、さらなるダウンフォースを得るべく、各車とも空力付加物のオンパレードとなる。
　1994年と1995年のレギュレーション変更によりダウンフォースを大幅に失ってしまった結果、チームによってはボディ中央部の一番盛り上がった部分の寸法を規定したレギュレーションに抜け穴を見いだし、そこにつけこむところが出てきた。この部分にウィングを追加したのだ。最初に手をつけたのはマクラーレンで、1995年モデルのエンジンカバー頂部に小型ウィングを1枚取りつけた（ジョーダンが翌年同様なデザインで後に続いた）。これに対しミナルディは奇抜な変わり種で応じた。リアウィングアッセンブリーのウィング前縁より片持ち支持された小型ウィングだった。レギュレーションの抜け穴を突いて、これら小型ウィングは、リアウィングアッセンブリーより高い位置に取りつけることができたため、ウィング本体を通過する空気の流れの邪魔にはならなかった。
　他を圧して人目を引いたのはティレル・チームの突飛な"Xウィング"コンセプトで、やはりレギュレーションの抜け穴につけこんだものだった。高いダウンフォースを得るための一形態で、1997年のグランプリに何度も登場した。ティレルの場合小型ウィングは車体よりはるか高いところにストラットでマウントされた。
　ティレルといえば革新的というのが定評で、特に空力の分野では然りだった。同チームが1976年と1977年シーズンに持ち出した常識を覆す6輪車を一目でも見た人は、誰もその姿を忘れないだろう。フロントにごく小径のホイールを4つ並べたのは前面投影面積を減らしたいからで、これで空力的な抵抗を減らすと同時にブレーキ性能も向上させた。同車は数勝を挙げ、とりわけスウェーデン・グランプリで1位、2位を占めたのは見事だった。しかし6輪車はコンベンショナルなレイアウトと比べてどうしても重くならざるをえず、理論上のメリットは文字通り現実の重みに押し潰されてしまった。
　現在FIAのレギュレーションによりF1のホイールは最大4個までとなっている。
　1960年代後半から1970年代初頭にかけて、ジャッキー・スチュワートの操縦により数度のチャンピオンシップを獲得した栄光あるティレル・チームだったが、その後こうした成功劇の再現はならず、CARTチャンピオンシップの有力マニュファクチャラーであるレイナードと、ジャック・ヴィルヌーヴのマネジャーをしているクレイグ・ポロックが組織する新しいチーム、BARに吸収されてしまった。スポンサーは巨大タバコ会社のBAT、1999年にデビューを果たした。

ICL
tyrrellf1.com
PIAA
PIAA
PIAA
MORSE
EPSON
ICL
19

Marlboro
Marlboro
Mercedes-Benz
BOSS

エンジンカバーのデザイン

　インダクションポッド、エンジン本体、ギアボックス、リアサスペンションを収容するという機能本位の目的もさることながら、エンジンカバーは空力的にも重要な役割を担っている。空気の流れがスムーズにリアウィングを通過するよう、可能な限り流線型でなければならず、一方抵抗を抑えるために前面投影面積はミニマムであることを求められる。エンジンカバーは、エンジンの最も背の高い部分からギアボックスにマウントされたサスペンション部品にいたる輪郭にぴったりと寄り添ってなだらかな下向きのカーブを描き、リアウィング基部にいたる。両側はこれまた優雅にカーブしながら広がっていき、サイドポンツーンと融合する。

　1997年にルノーとウィリアムズは、極めてコンパクトなインダクションポッドを共同開発し、このおかげでエンジンカバーをとても低くでき、車体後部の空力効率を向上させるのに成功した。

　写真に写っているのはベネトンのエンジンカバーだ。イギリス、オックスフォードシャー州、エンストンに本拠を置く同チームは、今までのところ"シューマッハー時代"のようにチャンピオンシップを獲得する活躍を再現できずにいるが、F1コンストラクターのなかでも最も潤沢な資金に恵まれ、設備も充実した屈指の有力チームだ。

AERODYNAMICS

リアタイアと空力

　空力的に優れた車に仕上げるには、リアタイア周辺の空気の流れを入念にコントロールするのが肝要だ。車体後部では両サイドが内側に向かってカーブし、コークボトルラインを描く。これでリアタイア内側周辺の気流をコントロールし抵抗を減らす一方で、リアディフューザーの効率を最大限に活かす。このあたりの造形を"スカロップ"(帆立貝)と呼ぶ。

　サイドポンツーンの後方上面の優雅なカーブを描くエクステンションはさらなるダウンフォースを稼ぎだすとともに、リアタイア上を通過する空気の流れを補助する。このエクステンションを"フリップアップ"と呼ぶ。

　1997年ほとんどの車はダウンフォースを余分に生み出すため、リアウィング翼端板の外側、リアタイアの直前に小型ウィングを備えていた。同年この小型ウィングをつけていなかったのはウィリアムズとスチュワートのみというほどはびこったが、これも1998年には禁止となってしまった。ダウンフォースを減らすべくFIAが新たな措置を取ったからで、空力的な"フリップアップ"のみが残る結果となった。

リアウィングの設計

　リアウィングアッセンブリーは車の総ダウンフォースの3分の1を生み出す。翼の数が非常に多いときもあれば(1997年4枚の翼で走った車も出た)、最小限のときもある。

　サーキットにより必要なダウンフォースの量が様々で、ダウンフォースと最高速との間で妥協点を探り当てなければならないためだ。ドイツ・グランプリは超高速のホッケンハイムで行われる。ここでは1周のうち75％が全開となり、ウィングの面積と角度を最小限に絞って、長い直線での最高速が少しでも伸びるようにセッティングするのが昔からの定石だ。

　しかし最高出力に優れたエンジンがあれば、ウィングの角度を多めにセットしてコーナリングスピードを稼ぎ、ブレーキングディスタンスを縮め、なおかつ最高速を犠牲にしなくて済む。

　ウィングは個々に調整可能だ。2枚構成が一般的で下段ウィングは明らかなアンヘドラル形状をしている車もある。最下段あるいは下段側のウィングはリアディフューザー／アンダートレイの性能に直接影響するから、空力専門家はこの二つの複雑な相互作用をきちんと把握しておくのが肝要だ。

　リアウィング翼端板は気流が翼の端から"溢れ出して"、空力効果が薄れるのを防ぎ、最も効率的に空気の流れを導く。この点はフロントの翼端板と同じだ。ただリアの場合はウィングを車に固定する役目もある。1998年モデルのフェラーリやベネトンなど、リアウィングアッセンブリーをたった1本の支柱で支える車もあるからだ。また2本で支える車もある。

　リア翼端板が平らな車があるかと思えば、凝った形をした車もある。いずれにしてもカーボンファイバーのスキン2枚がアルミニウム・ハニカムをサンドイッチした構造だ。

AERODYNAMICS

chapter 4 ENGINE & TRANSMISSION
エンジンとトランスミッション

　　F1は平均的な実用ハッチバックのほぼ10倍の馬力を持つ一方で、重量は半分しかない。このパワー・ウエイト・レシオが最先端を行く自動車技術と結びついて、息を呑むような性能を発揮する。

　　F1のエンジンは平均すると900前後の可動部品から成り立っており、1万7500rpmの高速で回転し、大体730馬力から770馬力を発生する。スロットルを床まで踏むとピストンは8500Gもの加速力にさらされる。高速サーキットではエンジンは1周の75%を全開で作動し、最高速は350km/hに達する。

　　エンジン内部の温度は300℃以上になる。通常95℃前後のオイルと冷却水も極端な場合110℃まで上昇する。

　　言うまでもなく、F1のエンジンには苛酷な運動ストレスがかかっている。大きな煙を吐き出してエンジンが息途絶える壮烈なシーンをよく目にする。右のフェラーリは噴き出してしまって、もうろくに残っていないだろうが、F1のエンジンは通常10ℓ程度のオイルを飲みこみ、そのうち7ℓ前後が常にクランクケースとシリンダーを潤滑する。潤滑システムは例外なくドライサンプ式で、吐出量の大きなポンプにより、オイルは15秒に1回の割合で入れ替わる。

Marlboro
Marlboro
Marlboro
Asprey
FIAT
Shell
3
MAGNETI
MARELLI
GOODYEAR
EAGLE
brembo
SKF
arexons

メーカーとエンジンサプライヤー

　写真はフェラーリのエンジンだ。このチームは必ずエンジンを自製する独自のポリシーを貫いている。フェラーリ以外のチームはパワーユニットを外部のサプライヤーから入手する。例えばメルセデス・ベンツやプジョー、ホンダ（無限）など大手の自動車メーカーとパートナーシップを組む場合が多い。一方、極めて高い技術力を誇るエリート企業が幅を利かす環境のなかで、ブライアン・ハートを始めとするレーシングエンジン専門メーカーも一定の顧客をつかんでいる。いずれの場合もエンジンは契約によりチームにリースされるのであって、贈与されたり付帯条件なしで売却されることはない。高度なテクノロジーが外部にもれるのを防ぐためだ。

　大手自動車メーカーは大抵パートナーにエンジンを無料で供給する。彼ら自動車メーカーはチームと提携することで、一般市場に向けて宣伝効果をあげると同時に、研究開発部門がかかえる課題を研究できる。孤高のステイタスというイメージが強いフェラーリであっても同じことが当てはまる。親会社の巨大フィアット帝国は、フェラーリと手を結ぶことで旨みを享受している。一方レーシングエンジン専門メーカーの場合は、もっと直截な商業ベースでチームと結びつく傾向が強い。

　フェラーリの1998年モデルF300は、チームとして4年ぶりにすべてをイタリア国内で設計した車だ。それ以前このマラネッロ・チームの設計作業はジョン・バーナードの指揮下、イギリスで行われていたのだった。

優れたエンジンとは

　F1のエンジンデザイナーなら、エンジンだけでレースに勝てないことなどとうに承知している。全体としてのパッケージングに優れた車、それと調和して働くエンジン、この二つが揃ってはじめて勝ちを狙えるのだ。無闇に力だけあれば優秀なエンジンというわけでもない。エンジンには成否の鍵を握る性能の条件が複数あって、それぞれが完璧でなければならない。出力はその条件の一つにすぎない。むしろ出力に勝るとも劣らぬほど重要なのが"ドライバビリティー"だ。レースの状況は千変万化だ。スローコーナーから抜ける際、ドライバーとしてはエンジンがきれいに吹き上がり、加速していきたい。気の抜けないウェットコンディションでも、バレリーナのつま先のように、軽くリズミカルにコーナーをいなしていきたい。他の車に取り囲まれ理想のレースラインがとれない時には、少しでも有利な位置につけるためしのぎを削る。そんな状況のなかでドライバーの気持ちどおりに動くエンジンの扱いやすさを"ドライバビリティー"と呼ぶ。

　エンジンを車にどう搭載するか、そのやり方にも完璧が求められる。一つにはエンジンが車全体の重量配分で占める役割が大きいからだが、理由はそれだけではない。エンジンの搭載方法いかんで車後部の空力が変わってくる。むしろこちらの方が重要だ。エンジンデザイナーはエンジンを可能な限りコンパクトにまとめるべく多大な努力を注ぐ。そうすればリアディフューザーに当てられる空間が広まるからだ。

　車の構造上もエンジンは重要な役割を果たしている。F1エンジンの支持面はシャシーの後壁のみで、いわゆる片持ち支持だ。エンジン自体構造的には完全なストレスメンバーで、ギアボックスを支持する。そのギアボックスにはリアサスペンションとリアウィングがつく。だからエンジンにはすさまじい構造的な負荷にも耐えうるよう、高い強度と剛性が求められる。その要求を満たしたうえで極めて軽量でなければならない。しかも車の重心が低くなるように、シャシーのできるだけ低い位置に取りつける。エンジンとシャシーを合体するには、オイルサンプ上のスチールないしはチタン製マウント一対と、左右カムカバー上に設けられた1ないし2個のマウントを用いて行う。

　燃料消費もエンジン設計でないがしろにできない要素だ。燃料消費率の悪いエンジンだとピットストップが長引き、車重も嵩み、柔軟なレース戦略がとれなくなってしまう。

　最後になったが最も重要な要素を挙げよう。エンジンにとって信頼性がなによりだ。確かにエンジンだけではレースに勝てない。しかし途中でエンジンが壊れてしまっては元も子もないではないか。

設計の基本的な注意点

　最大排気量は3ℓ（1995年それまでの3.5ℓから小さくなった）、自然吸気であること、レース中に再給油できる装置を備えること。これがレギュレーションが定めるF1エンジンの基本3条件だ。FIAは現行レギュレーションを2001年まで変えないと明言しているが、この3原則は少なくとも2005年まで継続すると思われる。

　F1エンジンを白紙から設計するとき、まず決めなければならないのはボアとストローク、そしてシリンダー数だ。8か10か、はたまたFIAが認める最大数の12気筒なのか。現行レギュレーションと今のトレンドに照らし合わせながら、一連のコンピューターシミュレーションを上に述べた3種のシリンダー配置について行い、それぞれのメリットとデメリットを評価する。あまりにも可変要素が多いので、これで完全無欠、間違いなしという予測は立てられないが、シミュレーションによって燃料消費率、重量、全長、耐熱性能など鍵を握る諸要素を比較検討するには充分信頼するに足る近似値が得られる。

　エンジンからより多くの出力を引き出す鍵は、どれだけ高回転で回せるかにかかっている。2倍の回転数で回せば理論上は爆発工程も2倍に、出力も2倍になるはずだ。ところが現実にはエンジンの回転数と出力はリニアな関係にはない。回転数が上がるにつれて、可動部品の摩擦から生ずる機械的損失が急カーブで増えるし、負荷が大きいため各部品のほんの僅かな変形量もやはり急激に増えるからだ。従っていくら回転数だけを上げてもそれに伴って出力が向上しなくなる飽和点があり、それを超えるとパワーカーブは横ばいになる。またこの飽和点を超えると破損率も急激に高まってしまう。

　ストロークが短いと回転を上げやすいので、F1のエンジンは例外なくボアの方がストロークより大きい。ストロークが短いとコンロッド長も抑えられ、壊れにくくなる。

V10を選ぶ理由

　新エンジンにとってベストな気筒数を決めるコンピューターシミュレーションは、コンストラクターと密接に協力態勢をとりながら進める。過去の経験から、ルールが突然変更になると、コンストラクターにとってもエンジンビルダーにとっても厄介な問題になることが知られている。だから両者にとって、エンジンのレギュレーションは長期にわたって安定的に施行されることがとても重要なのだ。

　ひとつ例を挙げよう。1994年にコスワースが新型V8エンジンを発表したときの話だ。この新型V8エンジンは、どこかの自称事情通が決めつけたように「フォード・コスワースがF1エンジンを作ると言えば昔からV8に決まっている。今さら変えるはずがない」といった固定観念から生み出されたのではない。そうではなくベネトン・チームと密接に協力しながら、一歩一歩地道に研究を重ねた結果、V8に決まったのだ。シミュレーションを入念に分析して、8気筒の方がホッケンハイムとモンツァという超高速サーキットを別として、他のすべてのサーキットで、10気筒よりもほんの僅かではあるが利点があるとの結論が導かれた。

　ところが同エンジンの設計と製作が着々と進むなか、FIAがそれまでのシミュレーションを根底から覆してしまう変更を発表した。レースに妙味を加えようと、再給油システムを導入するというのだ。これであっと言う間に10気筒の優位が決定的になってしまった。一般原則として気筒数が増えれば増えるほど燃費は悪化する。エンジン効率が落ちるからだ。再給油システムが導入になる前は、スタートラインに立った時の車重が決め手だった。この点、燃費の良いV8エンジンはレースの勝敗を左右するスタート時の燃料が軽くて済み、アドバンテージがあった。大量の燃料を積むと燃料自体の物理的な重量にとどまらず、余分な燃料を抱えるため"がたいの大きな車"にならざるをえないという副次的なデメリットまで出る。

　ところがレース中に再給油ができるというのであれば、なにもスタート時に満タンにしておく必要はない。こうしてV8が持つ大きなメリットは、いとも簡単に霧散してしまった（それでもベネトン・フォード・チームのトップドライバー、ミハエル・シューマッハーはその年このエンジンで見事ドライバーズ・ワールドチャンピオンシップを獲得してみせた）。

　レース中の再給油が戦略的にすっかり根づいた今、V10エンジンがあまねく行き渡っている。この気筒数が現行の条件では、3ℓユニットとして最も優れた妥協案であると立証されたのだ。V8に対して性能面でも有利な点がいくつかあるだけではなく、V10は現行ルールに従って設計したシャシーにパッケージングするうえでも最適なのだ。V12は出力の点で僅かながら優位に立つが、その旨みを活かしきるには少しばかり長すぎるし重すぎる。それに構造的に全長が長い分、どうしても剛性が不足しがちなのだ。

　シリンダー数が増えれば通常パワーも上がる。ピストンとコンロッドのマスが小さいのでエンジンが高速で回転できるからだ。同時にバルブの総面積が増え、より大量の空気を吸入できる。しかしエンジニアリングの世界ではなんでもそうなのだが、良いところがあれば必ず悪いところがある。シリンダーの数が増えれば可動部品の数が増える。結果的に摩擦など各種要因から機械的な損失も大きくなる。例えば摩擦が増えるとエンジン内の温度が高くなるわけで、そうすると放熱するためにラジエターとオイルクーラーを大きくせざるをえない。この二つを大型化すると空気抵抗が増すだけでなく、余分な水とオイルを積む分、車重も増えてしまうという具合だ。

シルバーアローの復活

 数あるF1エンジンの中でも、1998年シーズン開幕に登場したまったく新しいメルセデス・ベンツのユニットは、珠玉の光を放っている。メルセデスはイギリスに本拠を置くエンジンスペシャリスト、イルモアと手を組みマクラーレンにこのエンジンを独占供給している（イルモアの辣腕デザイナー、マリオ・イリエンが1997年モデルのマクラーレンと一緒に写真に収まっている）。1930年代、メルセデスはワークスドライバーとしてカラッチオラ、ランクをはじめとする名手をそろえ、ライバルをことごとく撃破して、伝説的な"シルバーアロー"の第1黄金期を築いた。また1950年代中盤にもファンジオやモスの活躍で圧倒的な勝利を欲しいままにし第2の黄金期を迎えた。そして今、メルセデスはかつての常勝パターンを現代に復活させてみせた。

 1997年のことだった。F1界のドン、バーニー・エクレストンは将来優れたエンジンが不足するかもしれないとの危惧を抱いたのだろう、エンジンメーカーは二つのチームにエンジンを支給するよう義務づけたらどうだろうとの提案を口にした。アメリカのCARTチャンピオンシップでは、エンジンメーカーが少なくとも複数の車にエンジンを提供する決まりになっているのに目をつけたのだ。しかしそのエクレストンはメーカーからたちまち総スカンを食らう目にあった。なかでも最も強硬に異を唱えたのはメルセデスで、同社モータースポーツ部門のチーフ、ノルベルト・ハウクはこう応じた。「私たちはシルバーアローのイメージを新たに作り上げようとしているのです。"ブルーアロー"や"レッドアロー"では困るのです」

ENGINE & TRANSMISSION

藍より青し？

　フェラーリは自チームだけでなく、スイスに本拠を置くザウバーにもエンジンを供給している。その年間リース料は巷間1500万ドルと言われる。基本的にはワークスフェラーリに積まれるのと同じだが、このエンジンにはザウバーのメインスポンサーである、マレーシアの国営石油公社ペトロナスのエンブレムがついており、かつてフェラーリ（元ホンダ）のエンジニアだった後藤治の指揮で、独自の改良が数か所に施されている。

　サウバーには行く行くオリジナルのエンジンを開発したいという野望がある。ヒンヴィルにベースを置く同チームは、国際スポーツプロトタイプレースで大成功を収めて、1993年F1に進出した。1998年モデルのザウバーC17を設計したのはレオ・レスだ。

　1997年ザウバーは前代未聞の"呉越同舟"テストを敢行した。あろうことかフェラーリのテストコースであるフィオラーノに乗りこみ、ミハエル・シューマッハーにうちの車を試してみてくれと申し出たのだ。そうしてイタリアのライバルとスイス製のシャシーを比べてみて感想を聞かせて欲しいと。関係者全員シューマッハーがどららに軍配を上げたのか、固く口を閉ざして語らないが、どうやらこのドイツ人ワールドチャンピオンはフェラーリよりもザウバーのシャシーの方が一枚上手だと感じたらしいというのが、当時もっぱらの噂だった。

アルミ2/3、スチール1/3

　F1エンジンを製作するにあたり、使用できる素材についてはFIAが厳格な制限を敷いている。確かに特殊素材(そのほとんどは航空宇宙産業生まれで、概して極めて高価だ)のなかには、F1エンジンに採用されているものもいくつかあるが、あとはほとんど禁止されている。例えばカーボンやアラミド繊維強化素材はピストン、シリンダーヘッド、およびブロックには使えない。またクランクシャフトやカムに非鉄金属を用いてはならない。

　特殊素材は重量軽減の観点からメリットのある場合もある。しかしFIAはいわゆる役に立たない出費が野放しに増えるのに歯止めをかけたい意向なのだ。もしあるメーカーがこの種の素材を広範に使用すると、他のメーカーも時を置かず後に続くだろう。となると誰にとっても格別のメリットはなくなってしまうはずだ、FIAはそう考えている。

　セラミックはエンジンのなかでも高温になる部分に使えば一定のメリットがあり、F1エンジンにも数こそ少ないがこれを使っているユニットはある。しかしいくら理論上メリットがあっても、使い勝手の悪さゆえ諦めざるをえないケースが多い。セラミックの特性のなかでも有用なのは熱による膨張、収縮に強い点だ。実際その外寸はまず変化しない。従って超高温においても、許容誤差をミニマムに抑えることができるわけだが、現実には金属部品と併用するのは難しい。両者の膨張、収縮特性が違いすぎて共存できないのだ。

　カーボンをはじめとする複合素材を前にして、デザイナーは同様のジレンマに頭を悩ます。理論上は確かに優れているのだ。しかし現実にはエンジン内部に使用する場合、特に複合素材を金属部品に固定しようとすると極めて難しい問題がからんでくる。

　先進素材のなかには金属と併用して両者の一番良いところを引き出すことが、ある程度までできるようになったものもある。様々な特性を組み合わせることができるようになったからだ。メタルマトリックス・コンポジット(MMC)など良い例で、ちなみにこれはカーボンファイバーなど非金属成分を金属に混ぜ合わせた複合素材だ。金属に繊維の小片を混ぜると構造強化になったり、一定方向に対する強度が増す。そうすると使う金属の量が減り、重量を軽くできる。

　特殊素材がF1エンジンに占めている割合をここで把握しておこう。平均するとほぼ3分の2はアルミ製で、残りの3分の1がスチールでできている。それ以外の素材でできている部品は5%程度に過ぎない。その素材といってもチタンでありマグネシウムでありカーボンファイバーであって、これらはメタルマトリックス・コンポジットなどと比べれば到底"特殊"とは言えないものばかりだ。新世代の素材が占める割合は現実には非常に小さい。過去5年を振り返って、エンジン素材に関するテクノロジーで最も重要な貢献をしたのは、鋳造や表面コーティングなどで、製法技術は、この5年間に大きく進歩した。

ENGINE & TRANSMISSION

栄光に彩られたルノーエンジン

　ルノーは数々の勝ち星を後に、1997年シーズンの閉幕とともにF1から撤退した。しかしエンジンは生き残り、ルノーの主たるテクニカルパートナーであるメカクロームが、ウィリアムズとベネトンに供給している。

　エンジンは完全な商業ベースで供給されており、もしウィリアムズなりベネトンがどこかを改良してもらいたいと思えば、その費用を負担するのは彼ら自身だ。メカクローム・ルノー・エンジンの年間使用料は、掛け値なしの1250万ドルと言われている。ウィリアムズは新しいエンジンパートナーであるBMWが2000年にグランプリへ復帰するまでの橋渡しとして2シーズン、メカクローム・エンジンを使用した。BMWにとっては1987年末に撤退して以来、久方ぶりのF1復帰となる。ベネトンはメカクローム・エンジンに自社ブランドの一つ、プレイライフのエンブレムをつけている。

　ルノーはF1最後の年をこれ以上はないという有終の美で飾った。年間ワールドタイトルは、ドライバーズ・チャンピオンシップとコンストラクターズ・チャンピオンシップの二つがある。ルノーが参戦していた6年の間、都合12のワールドタイトルが掛かっていたわけだが、ウィリアムズとパートナーを組んだルノーはそのうちの11個を手中に収めた。ちなみにルノーの完全制覇を阻んだのはミハエル・シューマッハーただ一人、1994年にベネトン・フォードを駆って、ワールドドライバーズ・チャンピオンシップをものにしたのだった。ルノーはまたホンダが持つ6年連続ワールドコンストラクターのタイトル記録とも肩を並べた。

　才気溢れるベルナール・デュドが指揮をとって設計したメカクローム・ルノー・エンジンには、71度というシリンダーバンク角がついている。Vアングルはエンジンの総合バランスの基本となる要素だ。基礎バランスさえとれていれば、バランスを崩す力が働いてもある程度相殺できる。Vアングルはエンジンを車とパッケージングする際にも重要な要素となる。例えばVアングルの広いエンジンは車の剛性にプラスになるが、他の部分ではマイナス面もある。今や伝説となったフォード・コスワースDFV（90度だった）の時代以降、Vアングルは狭くなる傾向にある。最近登場したなかで最も狭かったのは65度、今の主流は70度から75度だ。

85

まだ発展途上のフォード・コスワース

　エンジンスペシャリストのコスワースと長らく提携を続けているフォードは、スチュワート・チームに無償でフル"ワークス"エンジンを提供していた。またティレルとミナルディには有償で"カスタマー"エンジンを提供していた。1998年の使用料は750万ドルと言われる。

　1998年シーズン用にすべてが新しいV10フォード・コスワース・ゼテックRエンジンが登場した。スチュワートはこの新しいユニットの独占供給を受けた。一方"カスタマー"チームが使うのは旧型で、こちらは同じコスワース組織内でもまったく別の部門が用意する。コスワースはスチュワート専用の開発作業を進めており、このエンジンの極秘テクノロジーが外部に漏れないようにするためだ。

　F1エンジンは例外なくダブルオーバーヘッド・カムシャフト（DOHC）とニューマチック作動のバルブを持つ。ニューマチックバルブ・コントロールはさらなる高回転を求めたルノーが先鞭をつけたもので、バルブを開閉するのに、高回転時に破損しやすいスプリングに代わって高圧空気を利用する。今ではすべてのエンジンが採用している駆動方式だ。

　フォードはワークスエンジンではチェーン駆動のタイミングシステムに見切りをつけた。1997年にこれがよく壊れてさんざん泣かされたからで、代わりに一般的なギア駆動のカムシャフトを採用した。二つのカスタマーチームに供給されるエンジンはチェーン駆動のままだが、信頼性を増すための改良が加えられている。

　エンジンの信頼性がお粗末なため、スチュワートは足を引っ張られた。これさえなければ将来に期待をつなげるデビューシーズンだったはずなのに。とりわけ悲惨だったのは地元のイギリス・グランプリだった。ここでフォードは開発計画を飛び越して、まだ実績のない新バージョンを走らせることにした。一か八かの賭だったが、世界中が注目するなか、このユニットは予選と本番を通じて実に5基が次々に潰れてしまった。

ENGINE & TRANSMISSION

無限ホンダの実力

　本田技研の傘下になる無限が作る強力なパワーユニットを使うジョーダンは、他の多くのチームから羨望を集めている。1998年無限ホンダはまったく新しいユニットを実戦に投入し、この日本メーカーの志が真剣であることを示した。

　無限は2000年に本家のホンダが戦闘開始するための前哨戦を戦っているのだろうか。そう見る事情通は多いし、その予想がF1エンジンビルダーの心胆を寒からしめているのは事実だ。まずはウィリアムズと、次にマクラーレンと組んだ9年の間にホンダがワールドドライバーズ・タイトルを5回取り、いまだ塗り替えられぬ6年連続ワールドコンストラクターズ・タイトル(1986年から1991年まで)の記録を樹立し、グランプリ69勝を達成したのは誰の記憶にもまだ新しい。

　新しい無限ホンダV10は、旧型より一回り小型で軽く重心も低い。実は旧型は同社がかつて造った3.5ℓユニットをベースにしていたのだった。エンジンをコンパクトにという動きに拍車がかかっているのは、リアディフューザーをはじめとする空力デバイスのための空間を拡げたいのと、車全体の重心を低くしたいからだ。

アロウズの自社製エンジン

　1998年に導入された新しいシャシーレギュレーションが、エンジンのパッケージングにも大きな影響を及ぼしたのは当然の成り行きだった。この年に標準を絞ってまったく新しいエンジンを投入したメーカー、例えばフォード・コスワースや無限ホンダはユニットをうまく新レギュレーションに合わせて仕上げられた分、優位に立った。しかしそうではないメーカーは、手持ちのユニットが許す範囲で変更を施すしかなかったのだ。

　すべてが新しいF1用エンジンは、従来型と比べて搭載方法の考え方がまるで違う。以下に理由を説明しよう。まずリアトレッドが狭まったからには空力に大きな影響が出る。リアディフューザーのための空間と、ラジエターからの熱気を排出する空間が少なくなってしまう。すなわちダウンフォースと放熱能力が低下する。この損失分はあらゆる手を使って少しでも取り戻さねばならなかった。

　写真に写っているのは、アロウズが独占的に使うすべてが新しいエンジンだ。同チームは、独立系エンジンビルダーであるブライアン・ハートに自社エンジン部門の舵取り役を委託した。自社内でエンジンを造るという点では、アロウズもフェラーリの仲間入りというわけだ。かつてアロウズにエンジンを供給していたのはヤマハだったが、グランプリで1勝もできぬまま1997年をもってF1から撤退してしまった。ヤマハはこのエンジンをジョン・ジャッドが主催するチューニングスペシャリスト、エンジン・デベロップメンツ社と共同で開発した。

　アロウズはウィットニーに程近いリーフィールドに本拠を置く。同チームを引っ張るのは野心的なトム・ウォーキンショウ、設計は俊英ジョン・バーナードがあたる。設備だってどこにも引けは取らない。このチームに寄せられる期待は大きいが20年にわたる模索のなか、いまだグランプリで1勝を挙げられずにいる。

フライ・バイ・ワイア

　プジョーユニットはF1のなかでも屈指の強力エンジンだ。以前はまずマクラーレンに、その次はジョーダンに供給していたプジョーだが、今は愛国心からエキップ・プロストをサポートしている。
　F1ではスロットルの作動は、電気式の"フライ・バイ・ワイア"システムを採用している。スロットルペダルとエンジンとの間を物理的に結びつけるパーツはなにもない。ドライバーは昔ながらの伝統に従い、リターンスプリングに抗してペダルを踏むのだが、今やこれでスロットルケーブルを作動するのではない。代わりにペダル機構のなかの電気センサー（ポテンショメーター）が、車載の電気コントロールシステムに今現在のペダルの踏み角を伝える。その情報を受けて電気コントロールシステムがスロットルアクチュエーターを遠隔操作する。実際にアクチュエーターを動かすのはほとんどの場合油圧だ。
　このシステムのおかげで、スロットルペダルの踏み角とスロットルバルブ開度の関係は従来のように一律である必要はなくなった。サーキットの特性とドライバーの好み次第で、独自のスロットル開度特性を仕立てるのも自由自在というわけだ。ソフトウェアを変えるだけで変更は可能でたとえレースの前だろうが、テスト、プラクティスあるいは予選中の休憩時間だろうが楽々と行える。

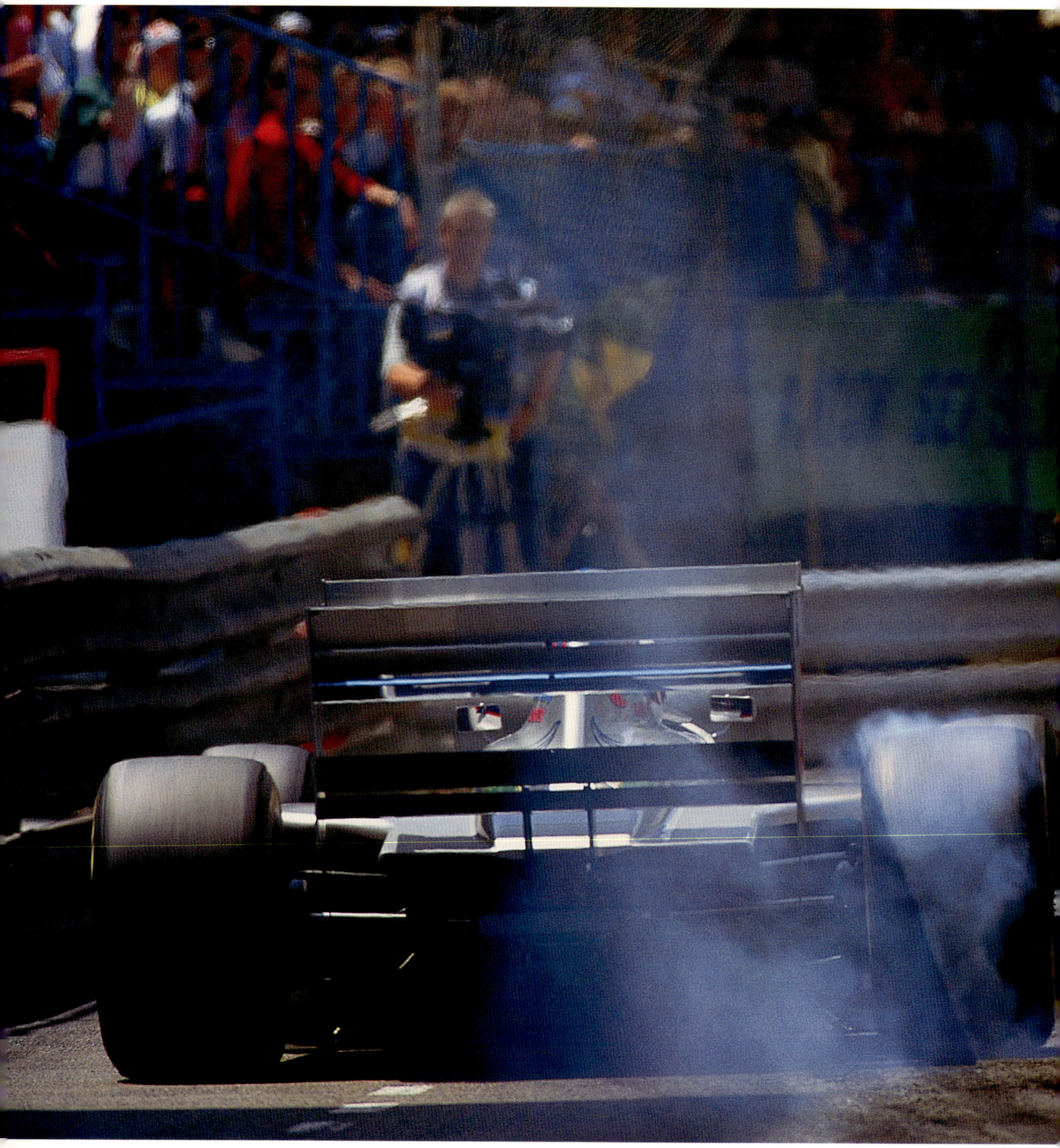

ENGINE & TRANSMISSION

ドライビングテクニックとコンピューター制御との境界線

　1997年のことだった。フェラーリはスロットルシステムにプログラミングを施し、加速中に自動的かつ断続的に燃料をカットする方法を考えだした。エンジンがレブレンジ全域にわたって、可能な限りスムーズなトルクカーブを描くようにとの意図だった。この"3Dスロットルマッピング"に周囲は唖然としたが、すぐに同様のシステムを持ちこんだチームもあった。

　当初FIAはこのシステムを黙認していた。ただホイールスピンに応じて回転数を落とさないことという条件付きの承認だった。さもないとトラクションコントロールの一種となり、これはすでに1993年シーズン閉幕をもって禁止となっている。ドライバーのテクニックを骨抜きにするテクノロジーはこの時一掃されたのだった。F1には例外なくエンジン・データロガーが積んである。いつでも取り外しのきくブラックボックスで、これがあればエンジンの動きを司るソフトウェアを詳細に分析できる。だから少なくともFIAには、フェラーリをはじめとするチームが大胆にも持ちこんだこのシステムの挙動を追跡調査して、オートマチック・トラクションコントロールとの間の細い一線を越えていないかを確認する術は残されていた。

　1998年、FIAはこの種のシステムに関する"見解を明確にする文書"を発表し、以降登場したときと同じ形で同システムを使用することは事実上ルール違反となった。

エグゾーストパイプのチューニング

　コーナーへの進入。ドライバーはスロットルペダルから足を上げている。この時エンジンは"過給"状態にある。しかもエンジンブレーキにより車はスピードを落としつつある。結果、未燃焼混合気が超高温のパイプに触れ、エグゾーストパイプから炎が舌なめずりする。

　エンジン性能において排気システムが果たす役割は極めて重大だ。爆発工程のあと、エンジンからガスを排出するだけではない、はるかに大きな役目を担っている。

　10気筒3ℓエンジン内部で上下動するピストン1本は、理論上吸入工程で3分の1ℓの空気を吸いこむ。しかし現実には高効率なF1エンジンのこと、理論値よりはるかに大量の空気を吸入する。むろんターボチャージングやスーパーチャージングは禁止された上での話である。空気の充填効率が高まれば、それに応じて燃料の噴射量も増え、出力は増す。

　「0.5ℓの水差しに1ℓの水を」　充填効率の向上はエンジンチューニングの基本だ。これには爆発工程でエンジン内に生まれる圧力波を利用する。バルブがぴしゃりと口を閉じ、ピストンが上死点へとせり上がる直前に少しでも多くの空気を吸入するよう、絶妙のタイミングで圧力波がやって来るように設計する。脈動する圧力波は音速のスピードで伝わる。また排気システムの共鳴振動数にも大きく影響される。エグゾーストパイプの長さを慎重に調整すると、この共鳴振動数が変わる。オルガンのパイプの長さを調律すると、特定の音波振動数を生むのと同じ理屈だ。

　エグゾーストパイプのチューニングでは、バルブから延々テールパイプ後端部にいたるまでの長さが非常に大切な意味を持つ。F1エンジンから伸びるエグゾーストパイプは、複雑に絡み合ってまるでスパゲティだ。これは一定のパイプ長を確保した上で、端から端まで一貫してスムーズな曲線を描くように設定した結果だ。パイプの曲率がきついと性能が削がれるので、カーブは可能な限り緩やかに取り回わす。しかも排気システムはエンジン両側を通過する空気の流れから少しでも離れているのが望ましい。

ENGINE & TRANSMISSION

排気システムの設計

　排気システムはこれが位置する部位のパッケージング全体に大きな影響を及ぼすから、設計段階で充分考慮するべき重要な要素だ。例えばエグゾーストパイプはラジエター直後に位置するので、ラジエター以降の気流の妨げになり、冷却効率が低下しかねない。ボディはリアホイール周辺で絞りこまれコークボトルラインをとるため、この辺りのパッケージングはいずれにしても非常に窮屈にならざるをえない。デザイナーはあちらを立てればこちらが立たずで、一連の複雑に関連した妥協策を講ずるしかない。ただ常に最優先なのは空力特性だから、排気システムは可能な限りすっきりコンパクトにまとまっているのが望ましい。これは現在12気筒の人気がない理由の一つでもある。ただでさえ狭いところに押しこむべきエグゾーストパイプの数が増えてしまうのだ。

　排気システムを設計する上での制約はこれだけではない。テールパイプは風洞テストを徹底的にこなした結果を基に空力専門家が決めた位置ぴったりにリアディフューザーから抜け出ていなければならない。もともと空力的には非常に影響を受けやすい部位だけに、排ガスのような強力なエネルギーがここに排出されると、車の安定性を根底から覆すような影響をおよぼしかねないからだ。

　排気システムの最終的な形状を決めるのはコンストラクターだが、パイプ長と径を決めるのはエンジンビルダーだ。コンストラクターは排気システムを自製するが、この時よく用いられる素材がインコネルだ。もともと航空宇宙産業が開発したこの高耐熱性の合金は、航空機エンジンには日常的に用いられている。なおエグゾーストパイプは複数の部分を溶接するのではなく、一体成形で造られる場合もある。

燃焼を監視する

　両バンクの排気マニフォールド出口付近に仕こまれているのは超小型センサーで、排ガス内の酸素含有量を常時検知する。ラムダセンサーと呼ばれるこれは、検知したデータを直接エンジンマネージメントシステムに送り、ここがデータに基づいて空燃比を調整、スロットルを踏めば必ず完全燃焼するようお膳立てをする。

ENGINE & TRANSMISSION

最適な吸気

　バルブからテールパイプ後端部までの長さがエグゾーストパイプチューニングにとって重要であると述べたが、同じ原則は吸気ポートにも当てはまる。ここのチューニングで物を言うのは、バルブからエアファンネル先端部までの長さだ。

　現行F1エンジンは例外なく1気筒当たり4バルブで、可変吸気管長システムを備えている。可変吸気管長とはエンジン回転に同調して吸気管が伸縮するシステムで、レブレンジ全域にわたって最適な吸気管長を維持する。いいことづくめのようなこのシステムだが欠点もある。まず吸気管を動かすメカニズムのせいで、エンジンがトップヘビーになり重心が上がってしまう。また嵩も増えるから、せっかくデザイナーが低くすっきりしたエンジンカバー形状にしたくてもこれが邪魔になる。吸気管自体はアルミ製(入念な研磨を施す)か、カーボンファイバー製だ。吸気管を支えるトレイはカーボンファイバーでできた軽量構造物だ。

　大気圧と外気温でエンジン性能は大きく変わる。非常に暑い日や標高の高いサーキットだとエンジンは本来の性能を発揮しない。

　エンジン開発は休むことを知らない。メーカーはエンジンへの気流を改善し、エンジン内部の燃焼ガスの排出を改善して、性能を上げようと日夜努力を重ねている。

効率よく空気を導くインダクションポッド

　必要な量の空気を効率よく充填できて、はじめてエンジンは最高の性能を発揮する。だからインダクションポッドの形状と大きさは細心の注意をもって決める。インダクションポッドとはカーボンファイバー製の曲面を描いた導管で、ロールオーバーバー内の流線型をした開口部から吸気管トレイまで空気を導く。別名シュノーケルともいう。

　車を設計する上でエンジンが空気を吸いこむために必要な条件（正式にはエアマスフロー条件）は、完璧に満たしてやる必要がある。適切な空気量を吸入ポートに充填するだけでなく、すべてのシリンダーに等量の空気が行きわたるよう、乱流はできるかぎり起こさないのが肝要だ。

　インダクションポッドは、エンジンに無理やり空気を押しこむ、一種のスーパーチャージャー効果を狙って設計するものと考えている向きが多いようだが、これは誤解だ。実際はむしろこの逆で、流れこんで来る空気の流速を落としてやって効率を稼ぐよう設計する。からくりはこうだ。前面開口部から下に流れる気流の幅を中に行くに従って拡げ、流速を落とす。川幅が広いところは水の流れが穏やかなのと同じ理屈。空気の流れが遅くなると圧が上がる。これでエンジンへ効率よく、一種の強制吸気がされるというわけだ。

　デザイナーといえども勝手気儘にインダクションポッドの形状を決められるわけではない。エンジンカバー内の窮屈な空間に収めねばならず、かつその形状で車の総合的な空力特性が大きく左右されるからで、とりわけリアウイングがきちんと機能してくれるかはこれが大きく影響する。ドライバーのヘルメットがインダクションポッドへの気流に干渉しないよう配慮も必要だ。この問題にきちんとした解決がつく数年前まで、長い直線でインダクションポッドへ流れこむ空気の通り道を開けてやるため、頭を片方に傾けていたドライバーもいたのだ。

　インダクションポッドの最終型を決めるには、風洞テストと計算流体力学（CFD）を動員するとともに、ダイナモメーター上でエンジン実働テストも行う。その際インダクションポッドに空気を送るのに強力な送風機を使う。

ラジエターの配置

　F1エンジンの冷却というのも一筋縄では解決しない難題だ。ラジエターの大きさと形状は風洞テストが進むにつれ理想値に近づいていく。風洞テストで決めるのはラジエターがエンジン性能に直結するからだけではなく、ラジエター内部を空気が通過する際の通気抵抗が空力に大きく影響するからだ。

　エンジンの冷却水とオイルを冷却するのがラジエターの役目で、両サイドポンツーン内部のカーボンファイバー製ダクト（ラジエターダクト）後端部に置かれる。両側に水とオイルのラジエターを分割しておく左右対称配置の車もあれば、片側は冷却水ラジエターのみ、反対側に水とオイルクーラーを置く非対称配置の車もある。ラジエター配置は一般的にはエンジンオイルのスカベジングシステムのレイアウトによって決まるが、デザイナーとしてはパイプの量を最小限に抑えて重量を軽くしたいところだ。「ウォーターパイプを軽量化したいって？　使わずに済むならそれが一番の軽量化さ」デザイナーの本音をいみじくも言い当てた一言だ。

　スターティンググリッドでは、ラジエターダクトとインダクションポッドに送風機を置いてエンジンを冷却する。

ラジエターをより小さく、より軽く

　ラジエターの小型化はデザイナーにとって終わりのない努力目標だ。空気抵抗が減るだけでなく、ラジエターの容量が小さければ車載の冷却水とオイルの量も少なくて済み、車全体が軽く仕上がる。工法が進んだおかげでラジエター自体も近年になって着々と軽量化が進んだ。特にラジエターコア素材の進歩ぶりは著しい。

　エンジンビルダーはラジエターを小型化したいがために、内部温度が高くても走れるエンジンを設計する傾向になる。方策は二つある。まずエンジン自体の耐熱性能を向上させる。このためにブロックとシリンダーヘッド内を循環する冷却水を効率よく使う。第二はエンジン内部に過大な熱が蓄積しないようにする。そのためにはオイルがくまなく均等に循環するようエンジン内部を設計する。

　耐熱性能の高いエンジンは、確かにデザイナーにとっては魅力的な選択肢だ。エンジンの内部温度が高くなると出力が落ちるのはやむをえないが、多少のパワーダウンなど空力上のメリットが補って余りある。ところがラジエターが小さいと、ドライバーが車をスピンさせたとき一つ困った問題が起こる。もともとエンジン冷却をぎりぎりの線でやっているところにラジエターを通過する空気が来なくなると、一気に温度が上昇しエンジンが壊れる危険度がぐっと高くなるのだ。

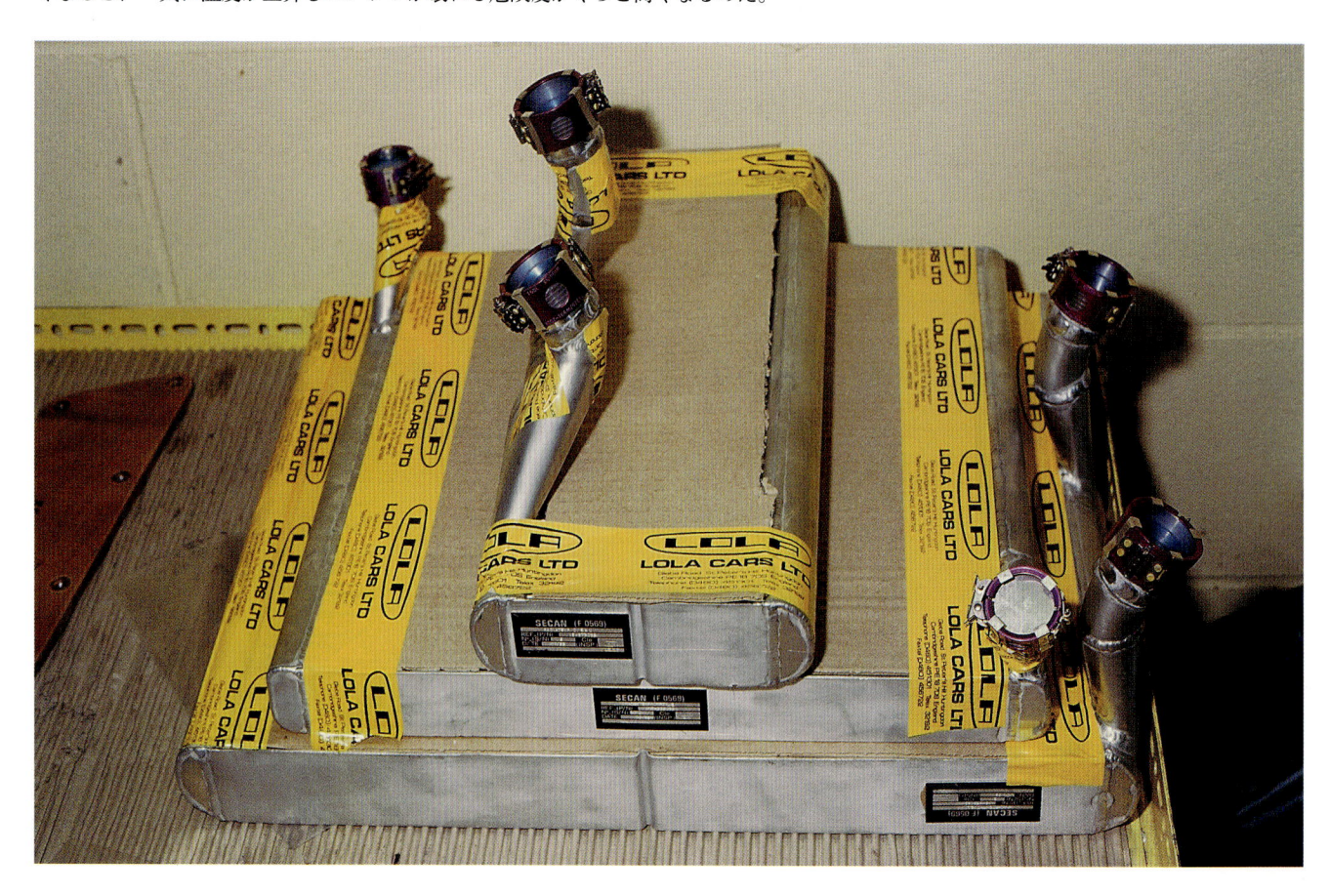

無鉛ガソリン、燃費は1.4km/ℓ

　エンジンメーカーのなかには特別に配合したオイルを指定するところもあるが、大抵のメーカーは誰もがどこでも買える製品で充分だとしている。いずれの場合も合成オイルを用いる。

　ところがガソリンとなると話が一変する。基本的にはレギュレーションにより市販品と同じという建前なのだが、どこのチームも特別ブレンドを使う。苦労して特別な調合を施したところで性能面でのゲインはほとんどなしというのが現実なのだが、レギュレーションが許す限られた範囲のなかで最大限の性能を引き出すため、ガソリンの持っている能力をもれなく使い切る効果はある。

　F1エンジンは例外なく無鉛ガソリンで走り（これもレギュレーションで決まっている）、すべて燃料噴射だ。燃料消費は時に1.4km/ℓという凄まじさで、232kmを走るモナコ・グランプリだと1台で166ℓのガソリンを煙にする計算だ。

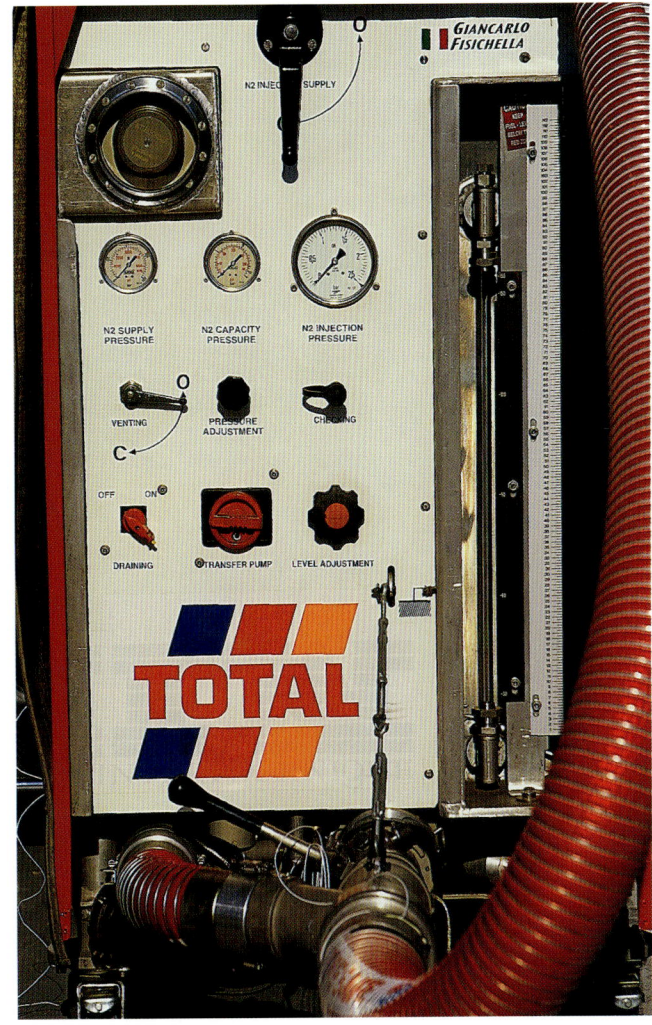

ガソリン検査

　FIAの検査員は燃料レギュレーションが守られているか厳しく監視して回る。チームが不正な手段でアドバンテージを得ようとすれば、燃料が最もたやすい方法だからだ。ガソリンの成分と濃度は市販品と同じでなければならず、しかも事前に許可を受けたものしか使えない。

　ガスクロマトグラフィや質量分析器といった先進技術を用いてFIAの検査員は検査用に抜き取ったガソリン中の鉛、硫黄、ベンゼン、その他の蒸留構成物、濃度を計測し、当該ガソリンの成分と濃度を一回ずつデータベースとして蓄積していく。こうしてこのガソリンに当てはまる、過去から現在にいたる"足跡"ができあがる。レースのある週末、抜き打ち検査を行った際には過去のデータとぴたり一致していなければならない。検査員はピットを遠慮会釈なく巡回する。彼らにはどうしても譲れない法律の条文を守る義務があり、これに違反したものは厳罰に処するぞと厳しい監視の目を光らす。

　管理業務の一環としてFIAは、特別仕立ての連結式トラックを所有している。ここにはガソリンを分析するのに必要な機器がもれなく備わっているだけではなく、様々な車載データ記録機からダウンロードしたソフトウェアを分析するコンピューター機器も備わっている。この動く実験室はヨーロッパで行われるグランプリには必ず姿を現す。

ガソリンセル

　車載のガソリンは安全性の認可を受けたセルにのみ収容し、それ以外の部分に分散してはならない、FIAのレギュレーションはこう定めている。このセルはラバー製の柔軟性に富んだ袋状の容器で、車の激しい動きにも耐えうるようシャシーにしっかりと固定される。また強い衝撃が加わっても、変形するだけで破裂しないように設計されている。ガソリンセルが破裂すると大惨事に繋がりかねない。レギュレーションによりセルはドライバーより前方にあってはならず、結果シートバック側バルクヘッド直後に収納されている。

　デザイナーはテーラーメイドのセルがシャシー内に占める空間をミニマムに抑えるよう知恵を絞る。また車の重量配分を計算する際には、レースが進行するにつれガソリンの重量も変わっていくことを考慮に入れる必要がある。ガソリンが常に吸引できること、吸入ポンプが届かないような所にガソリンが残らないこと、この二つがセル形状に求められる条件だ。吸入ポンプが最後の一滴まで吸い上げられるように、セル内部にはバッフルプレート（あるいは"トラップ"）が仕こまれている。このバッフルプレートにはコーナリング、加減速などでガソリンがセル内で暴れ回らないようにする働きもある。

　車によって吸入ポンプの数は2個だったり3個だったりするが、車載ガソリンを残らず吸い上げるのに一番効率のよい位置に据えつける。吸入ポンプはガソリンをセル内にあるガソリン溜めへと送る。このガソリン溜めがあるから次のポンプにガソリンが途切れなく送りこまれ、このポンプがエンジンにガソリンを送りこむ。逆にこのポンプはエンジンにより駆動される。ガソリンセルの頂部、シャシーと接合している部分には"タンクトップ"と呼ばれるマグネシウムないしはアルミ製のプレートがついている。このプレートには通風バルブ、セル・ドレインパイプ・バルブがつく他、ガソリンをエンジンに送るバルブと、リターンパイプを通って戻ってくるガソリンを通すバルブが設けられている。この二つのバルブには安全のために力が加わると簡単に分離する構造のカプリングがつく。エンジンがシャシーから千切れるような重大事故でも、ガソリンが溢れて出火しないようにだ。

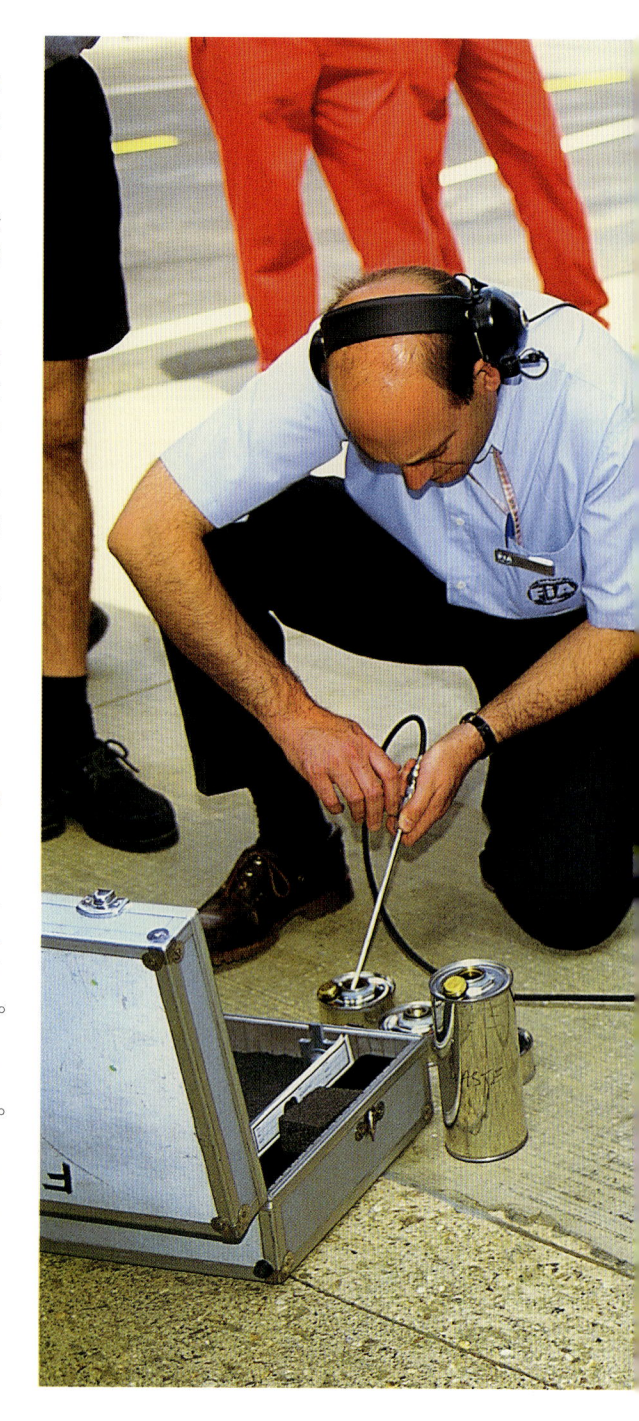

ENGINE & TRANSMISSION

給油口の位置

ガソリンは車体側面、コクピットそばの一段引っ込んだ所にある給油口からセルに注入する。給油口は左右両側に一個ずつ計2個ある。F1が走るサーキットには、時計回りのところと反時計回りのところがあるからだ。

空力的には邪魔者の給油口をカバーするため、かつては軽量のフェアリングを用いたものだが、1998年に導入された新レギュレーションにより、ここはヒンジのついたカーボンファイバー製のカバーで保護されるようになった。事故の際にも口が開かないようにするためで、車がコース上にある時には必ずしっかり閉じておかねばならない。

再給油がもたらしたもの

1994年に導入されてから今日にいたるまで、レース中の再給油は常に論争の種になっている。ドライバーのみならずピットレーンにいる人々の安全を危惧する声が高い。人が密集した所で炎がガソリンに移ろうものなら、大規模な負傷事故になりかねないから安全性はないがしろにできない。ピットクルーのなかでも実際に再給油を担当するメンバーは、体が炎に晒されないよう、煙を吸いこまないよう完全防備を施す。しかも一切のミスは許されないから何度も何度もリハーサルを積む。

独占契約のもと再給油リグを製造するのはインターテクニーク社、航空宇宙産業では強力な地盤のある企業だ。リグには圧力がかかっており、200ℓの容量がある。

レース中に再給油ができるようになったために、従来なかったまったく新しいレース戦略が登場した。チームはピットストップの回数を決めなければならない。1回なのか2回なのか、はたまた3回なのか。しかもタイミングが大切だ。再給油の戦略しだいでピットレーンに戻ってから出ていくまでの時間と実際に給油に要する時間だけでなく、車のラップタイムも変わってくる。チーム監督たるもの車載燃料が10kg増すごとにラップタイムは0.5秒遅くなる事実を忘れてはならない。

レース中の再給油が車の設計におよぼした影響のなかで最もインパクトが大きかったのは車体の小型化だ。レース距離を走りきるだけのガソリンを積む必要がなくなったからだ。

ENGINE & TRANSMISSION

総延長1.6kmの配線

　エンジン補機類とブラックボックスの位置決めには、ある程度重量配分も考慮に入れるが、とにかく窮屈な車内部のこと、どこに空間があるかで大方は決まってしまう。車によってはオルタネーターをシリンダーバンクのVの谷間に置くが、ここをめぐっては冷却水、ガソリンに関する様々な部品と、油圧システムが領地争いを繰り広げる。スロットルアクチュエーターや可変吸気管のアクチュエーターをここに置く車もある。

　Vの谷間以外にも補機類とブラックボックスを押しこめる場所はいろいろだ。シャシー頂部とインダクションポッドの間の狭い空間、ラジエターダクト外面とサイドポンツーン内壁との間の狭いすき間、シャシー外壁とラジエターダクト内面との間の狭いすき間をはじめ、時にはコクピット内にすら置かれる。ブラックボックスはラバーマウントし、過大な振動から守る。

　F1の内部には平均して1.6kmのケーブルが走っている。ワイア類の取り回しに当たっては互いに擦り合わないように充分なすき間を開けるよう配慮する。

使用期間は400km

　F1エンジンは1基ずつ、レースの間に完璧なリビルドを受けた後、ダイナモメーター上でテストされる。1回のリビルドには大体200時間かかる。

　以下に最も標準的な手順を述べよう。まずダイナモ上で極めて慎重にランニングインを行う。次はセットアップで1基毎にシリンダーへのガソリン流入量と点火時期を最適化する。その次がパワーカーブテストだ。ここではレブリミットまでの全回転域できれいに吹き上がるのを確認する。これが終わるとダイナモから降ろし、次の作業にかかる。エンジン作動中に起こり得る可能性がありながら現場では確認しきれなかったトラブルをくまなく探り出し、しかるべき対策を講じるのだ。この作業に一日の大半を費やす。

　そうしてエンジンは梱包されチームに送られる。すべて問題なければ、次のリビルドまで400kmの"使用期間"がある。エンジンによってはリビルドのため返送されるまで650km走れるものもある。

　ダイナモメーターはリビルドしたエンジンをテストするだけに使うのではない。よりすぐれたエンジン性能を求めて開発作業は飽くことなく進み、ダイナモメーターはその作業段階でも活躍する。また"純粋培養"的な実験室内のエンジンテストに加えて、実際のレース状況を正確に再現する装置のついた"可変"ダイナモメーター上でもテストする。

過酷なクラッチの仕事

　F1用クラッチを製造供給しているのはAPレーシングとザックスの2社で、製品はどれも電気/油圧作動だ。F1エンジンは驚くほど高回転まで回るので、クラッチプレートも1万7500rpmという高速で回転し、ドライバーがスターティンググリッド上でクラッチを滑らせると500℃という高温に達する。

　クラッチはセミオートマチック・ギアシフトシステムの一環として働く。シフトアップでは通常断続操作は一切ない。ただ瞬間的に回転を落とすだけだ。一方シフトダウンではクラッチは切れる。

　F1の部品の多くはどんどん小型軽量化されており、クラッチもその例にもれない。標準的なユニットで重量は1.5kgに過ぎず、外径もどんなに大きくても140mmを超えない。115mm径のカーボンプレートを7枚持ち、内4枚がインタミディエート・プレート、残り3枚がドライブ・プレートだ。

　スタート時、ドライバーは回転を1万1000rpmから1万2000rpmまで上げる。クラッチを構成する部品のなかでオーバーヒートに最も弱いのはプレート自体ではなく、それを保持するハウジングとダイアフラムスプリングであるというのはちょっと意外な事実かもしれない。前者の材質はチタン、後者はスチールだ。

ギアボックスのデザイン

　F1は例外なくセミオートマチック・ギアボックスを搭載する。高圧の圧搾空気あるいは油圧の力を使い、ステアリングホイールのすぐ背後にある2本のパドルを指先で動かすだけで正確にシフトを行う。6速の車もあれば7速の車もある。

　ルールによってリバースギアも必ず1段備える。車検では本当にリバースギアが機能するのを示すため実際後退して見せなければならない。また車にはクラッチを切る装置が備わっていなければならない。ドライバーがコースサイドに乗り捨てた車をすみやかに撤去できるようにだ。コクピット内のボタンを押して作動させるが、外から見て位置が分かるようにN（ニュートラル）のマークをつけた車もある。

　現行のF1は横置きギアボックスを採用しているが、デザイナーの絶対多数は縦置き支持派だ。縦置きギアボックスは数年間日の目をみなかったが、FIAが1994年リアディフューザーの長さを厳しく制限するにおよんで再び脚光を浴びるようになった。この配置は狭いギアボックスケーシングにギアを収めるのに適しており、結果としてルールにより失ったスペースを取り戻し、リアディフューザーにあてがうことができるのだ。一世代前の縦置きギアボックスとは異なり、現在のユニットはリアアクスル前方にギアが位置する。従ってその質量はホイールベース内に納まり、車の重量配分に貢献する。

　ギアボックスは、最大12個のスチールないしはチタン製スタッドにより、エンジンと結ばれるのだが、両者のあいだにはベルハウジングと呼ばれる構造物が介在する。この中には通常クラッチとエンジンオイルタンクが収納される。ただ1998年モデルのスチュワートSF-2では、オイルタンクはシャシー背面に設けられた背の高い細長い窪みのなかに納まっていた。重量を前に持っていき配管を減らすのが目的だ。大抵ベルハウジングはギアボックスと一体形だが、独立している場合もある。

　ギアボックスの設計に当たって重量はとりわけ大切な要素だ。車後端部に位置するため重量配分とハンドリングに大きく影響する。デザイナーとしては、ギアボックスを少しでも軽く仕上げたいがために、ついケーシングの肉厚を薄くしたい誘惑にかられるが、これをやりすぎるといざ走る段になって大問題となる。剛性が足りなくてリアサスペンションとリアウィング（どちらもギアボックスに直接固定されている）からの構造負荷に負け、変形してしまうのだ。

　ギアボックスが変形してハンドリングが悪化するくらいで済めばまだましだ。極めて微細な許容誤差内で回転しているギアの精度が落ち、最悪、ギアボックスが完全に噛みこんでしまう場合だってある。

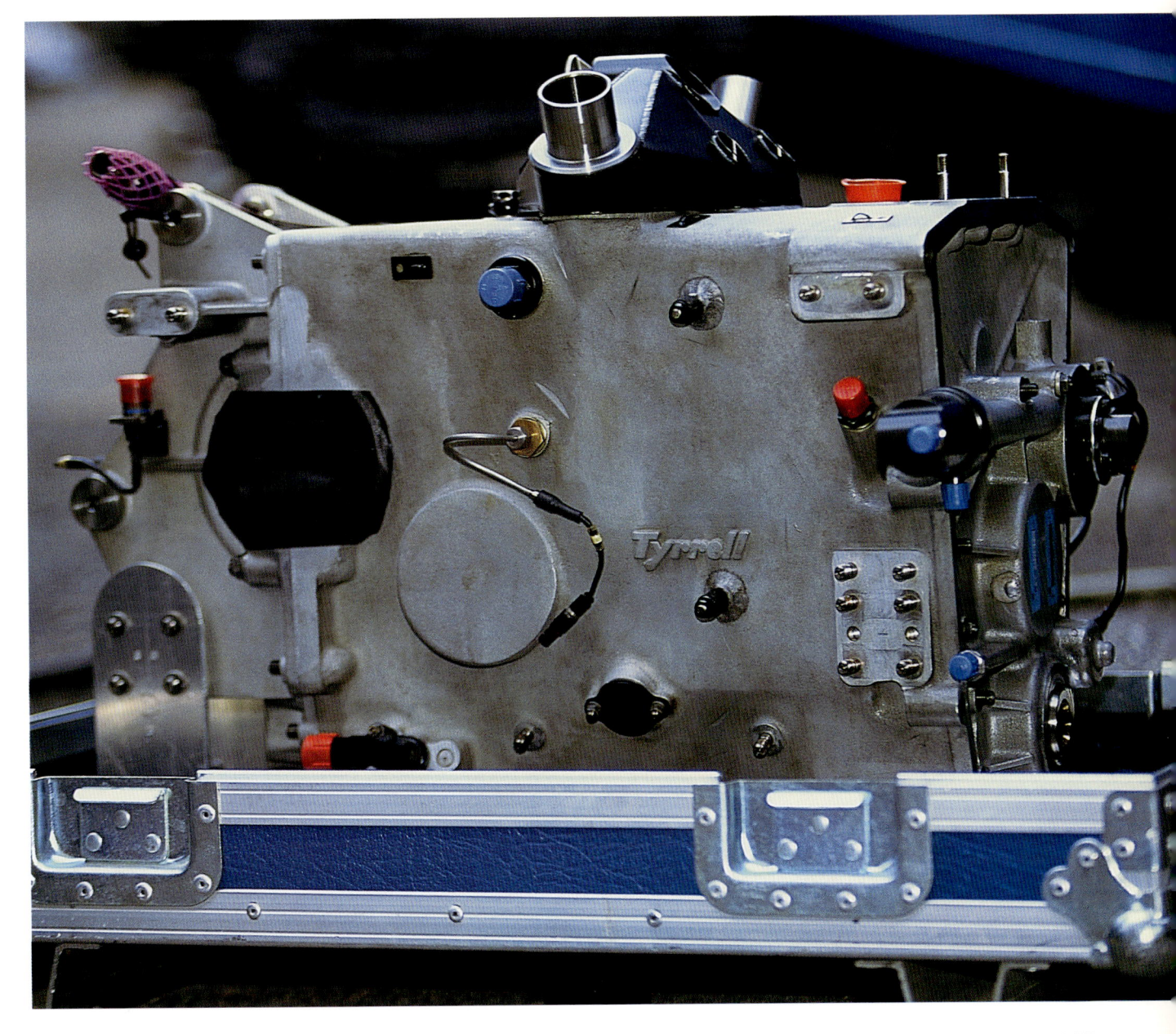

ENGINE & TRANSMISSION

107

カーボンファイバー製のギアケース

　F1におけるギアボックス製作法の進化発展は、シャシーやエンジンと同じく目を見張るものがある。設計から完成までの時間を短縮し、強度を増し軽量化を進める動きのなかで、一体鋳造のケーシングが鋳物部品を組み立てる製法に道を譲ったのはつい数年前だった。通常マグネシウムを素材にしていたギアボックスケーシングの鋳造は、複雑な木型を必要とするため時間がかかったのだ。

　組立式ギアボックスケーシングの先鞭をつけたのは、当時フェラーリのデザイナーをしていたジョン・バーナードで1994年のことだった。これにより従来の木型から起こす製法を取らなくて済むようになった（余談だがその翌年カーボンファイバー製のベルハウジングを初めて登場させたのもやはりバーナードだった）。しかしその後さらなる性能を求めて、より軽量にして強度に優れたケーシングを開発するチームが出てきた。こうして生まれたのがカーボンファイバー製のケーシングで、チタン製プレートとフィッティングで部分強化されていた。カーボンファイバー製法ではやはり木型を必要とするものの、あえて彼らはこの方法を採用したのだ。

　いま最も新しいギアボックスは全カーボンファイバー製で、スチュワートとアロウズが1998年シーズン開幕から採用している。これは実に革新的な進歩であり、さらなる性能の追求に終わりはないことを見ただけで理解できる証拠だ。もっともF1の世界でそんな当たり前の事実をわざわざ立証する必要があるとすればの話だが。

　スチュワートとアロウズがこんな野心的な製法に踏みこんだのも、ギアボックスを強化し、軽量小型化したかったからだ。一方一度はカーボンファイバー製の研究を行っていながら、信頼性に疑問ありとして実戦投入を踏みとどまったチームもある。ギアボックスに作用する応力は他のカーボンファイバー製構造物、例えばウィングやシャシー自体におよぶ力と比べてはるかに予測が難しいのだ。

電子制御デフは条件付き、CVTは禁止

　ギアオイルは通常では考えられない苛酷な状況下でも、優れた性能を発揮することを求められる。油温は時に125℃前後に達し、ギアの歯と歯は途方もない力で噛み合う。ギアはほんの指先ほどの面積で、エンジン動力すべてを伝達するのだ。しかも走っている限り、一瞬たりとも休む暇はない。また少なくとも理論上は金属同士が直接接触することはなく、あくまでもオイルの薄膜を介して噛み合う。

　ギアオイルの冷却は、エンジンオイルの冷却システムにギアボックスオイルを通すか、あるいは車後部に専用の小型クーラーを設置するかどちらかの方法で行う。

　1994年ベネトンが先鞭をつけたトレンドに従い、現在ほとんどのF1には電子制御油圧作動のデフがついている。内部の負荷計測センサーが常時左右のドライブシャフトが生むトルクを計測し、あらかじめプログラムしたパターンに従いトルク配分を調整する。

　電子制御デフはオートマチック・トラクションコントロールにつながる抜け道にならないかと懸念する声もあったが、1998年発効のハイテク一掃レギュレーションをかいくぐって生き延びた。少なくとも既知の機械式デフと同じ動きをするかぎりにおいては、という条件付きの許可だった。またセッティングを変えられるのはピットのみで、走行中は変えられない。

　理屈の上ではエンジンが最も高性能を発揮する回転数に常に保っていられるベルト式無段変速機(CVT)はウィリアムズが1993年にテストを始め、デイヴィド・クルサードがCVT装着のウィリアムズをシルヴァーストンで実際に走らせるところまでいったのだが、FIAにより禁止となった。出場車すべてがレースの間中、のべつまくなしにフルスロットルで走ったのでは、ギアシフトのたびに変化するエンジンの咆哮が聞かれず、観衆が退屈してしまうだろうと恐れたFIAがCVTを禁止したのだ、当時はそんな噂が取り沙汰されたものだ。

　強大な力に対応しなければならないドライブシャフトやその先端の等速ジョイントも、この数年で長足の進歩を遂げた。素材と技術の両方が進んだおかげで、軽量小型化できるようになった。また着実な傾向として市販の汎用品をそのまま使うのではなく、目的にあった部品を造るようになっている。1997年ウィリアムズが独自に採用したドライブシャフトなど良い例だろう。10度後退角のついたこのドライブシャフトにより、ギアボックスを前方に持ってくることができ、重量配分が向上したのだった。続いてスチュワートが1998年にやはりギアボックスを25mm前に移動させた。

chapter

5 BRAKES
ブレーキ

F1が途方もない性能を発揮できるのも、ブレーキの素晴らしい働きがあってこそだ。超高速で疾走するF1の運動エネルギーをねじ伏せるには、まさしくヘラクレス並の怪力が必要だ。静止状態から加速して160km/hに達し、そこから減速して停止する、F1はこれを6秒ちょっとでやってのける。端的に言って、エンジンの加速力よりもスピードを減ずるブレーキの筋力の方が勝っているのだ。

　F1ドライバーがブレーキをかけるタイミングは信じられないほど遅い。なにしろ直線を320km/hで走る車をスローコーナー手前わずか100m、時間にして3秒で80km/hまで減速するのだ。こうした驚異的な制動力を発揮するとき、ディスクとパッドの間の摩擦熱は750℃にも達する。最初は鈍い赤色でくすぶっていたブレーキもやがて眩いばかりの黄色い光を放つようになる。

温度管理が難しいカーボンディスク

　1998年シーズン開幕に備えてグリップを減らすレギュレーションが施行される前は、ホッケンハイムやモンツァに代表される高速サーキットにおけるブレーキング時の最大減速度は、ほぼ6Gにまで達した。現在の最大値は4G前後にとどまっているが、いずれ近い将来開発作業が完全に煮詰まれば、これよりはるかに大きな数値が蘇るはずだ。

　キャリパーがディスクを鷲掴みにすると、関連部品すべてに強大な負荷がかかる。現代のF1は、かつての鋳鉄製ディスクより耐摩耗性に優れたカーボン／カーボン・コンポジットのブレーキディスクを備える。持てる能力を充分引き出すために、カーボンディスクは非常に高い作動温度まで上げてやる必要がある。しかもこの作動温度を超えると性能はまた落ちるから、適温を維持するため、カーボンファイバー製のダクトから効果のある箇所目がけてラムエアを通風してやる。

　ディスクはオーバーヒートするとばらばらに崩れてしまうものなのだが、その壊れ方たるや実に派手だ。ハインツ-ハラルド・フレンツェンは身をもってこれを体験した。1997年オーストラリア・グランプリでウィリアムズの左フロントディスクが文字通り爆発し、表彰台をふいにした。こんな事故がありながら、1998年開幕に備えて導入された一連の大がかりなルール改定のなかで、リアブレーキ用冷却ダクトの大きさと位置が制限された。今やリアブレーキ用のダクトはフロント用と同じであることと定められている。同時にブレーキディスクの厚みも制限され、従来は制限なしだったところが最大28mmとされた。

　FIAの目論見はブレーキ性能の歯止めにあった。ディスクとパッドの摩擦力を制限してレース距離を走りきるだけの耐久性を持たせようとしたのだ。

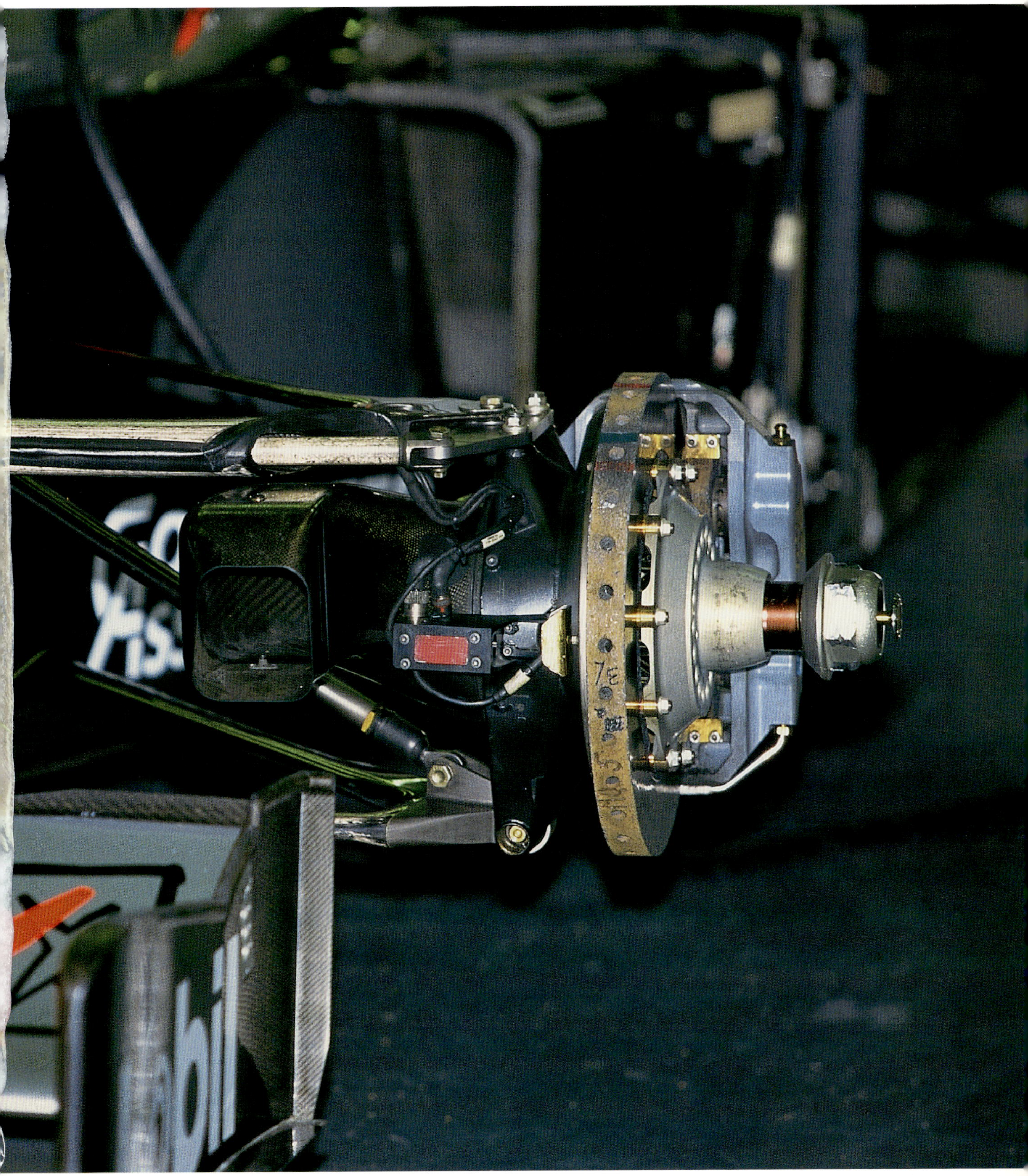

キャリパーはアルミ製

　F1のブレーキパッドとブレーキディスクは、カーボン／カーボン・コンポジットでできている。

　大抵は前後とも6ピストンのキャリパーを備えるが、リアのみ4ポッドキャリパーの車もある。キャリパー本体は純アルミ製だ。つい最近までシリコンカーバイド粒子などの素材を混入した、メタル・マトリックス・コンポジット（MMC）製キャリパーが許されていた。これで造ったキャリパーは剛性、強度ともに優れしかも軽いのだ。しかしこうした特殊素材はコストと性能の両方を抑える目的で1998年に禁止となった。

電子制御ブレーキバランス・システム

　レギュレーションによりF1には2系統式のブレーキ回路が備わっており（作動ペダルは一つだけ）、万一1系統が故障しても少なくとも、二つのホイールには必ずブレーキが効くようになっている。ドライバーは急制動時でもどちらか一方のペアがロックしないよう、前後の制動力を配分できる。通常のコンディションでは60％弱の制動力を前ブレーキに配分するが、ウェットコンディションではその大半を後輪に移す。

　アンチロックブレーキは1993年以降禁止となっている。

　1997年シーズン途中、ウィリアムズに引っ張られる形で複数のチームが電子制御ブレーキバランス・システムを導入した。ステアリングホイール上のボタンで作動するこれは2個の電子制御油圧ポンプで駆動される。コーナーの一つ一つに合わせてあらかじめプログラムされ、従来のマニュアル（ケーブル作動）システムとは比べ物にならない正確なブレーキ操作が可能になった。ドライバーが望めば一度施したセッティングを寸分違わぬ正確さで再現できたのだ。

　電子制御ブレーキバランス・システムは、毎周同じ作動を繰り返すプログラミングを施すことという条件付きでとりあえず認められた。ドライバーが操作するシステムであり、現実にホイールロックを防ぐシステムではない（ソフトウェアを検査すればわかることだ）、というのが許可になった理由だった。同システムは次の様な要素を計測するセンサーを備えていた。いわく横および縦方向のG、個々のブレーキ圧、ホイールの回転スピード、ブレーキディスク温度、ブレーキペダルの踏み角と踏力など。ちなみに前と後ろのホイールをペアとしてではなく、おのおののホイールに対して別個に作動させるプログラミングもできた。

　電気仕掛けによる操縦補助装置のニューウェイブとして広く受け止められていた同システムだったが、これがあるとドライバーはその持てる卓越した技量を発揮する場を奪われてしまうとの理由から、1998年シーズンに禁止になった。

2ペダルか3ペダルか

ラリーではもう随分前から日常的に行われていた左足ブレーキングだが、F1でもようやくここに来て根づいた。単純な2ペダル配置はドライバーにとって明らかなメリットとなる。スロットルペダルから足を上げブレーキペダルに踏み代える間の、ごくわずかなタイムロスをなくしてくれるからだ。一方クラッチの断続装置はステアリングホイール背後にあり、手で操作する。

ただ2ペダル配置には一つだけ不利な点がある。ドライバーが不覚にもスピンを喫した際、足で踏もうにもクラッチペダルはないし、両手はステアリングホイールを右に左にと大わらわだ。これではエンジンストールを防ぐべく、タイミングよく手動クラッチを操作できるはずがない。そこでクラッチペダルもやはり備えることになった。

ブレーキの補助装置

革新的進化であれ正常進化であれ、ブレーキシステムにはまだ大変な可能性が秘められている。ただレギュレーションがそれを許すか、それは別問題だ。オートマチック・トラクションコントロールは禁止になったが、1997年シーズン後半、マクラーレンはスローコーナーから脱出する際トラクションを助ける巧妙なブレーキシステムを実戦に投入した。"主"ペダルの左に2番目のブレーキペダルをつけたのだ。これは後輪にしか効かずドライバーがホイールスピンを抑えたいとき使う。2番目のブレーキペダルは1輪ずつ単独に効かせることもできたし両輪をペアとして効かせることもできた。

このシステムはしばらくのあいだ極秘事項として守られていたが、車がコーナーを抜けて加速している最中だというのにリアブレーキディスクだけが赤熱していることにコースマーシャルが気づき、すべてが明らかになってしまった。

このアイディアは必ずしもマクラーレンのオリジナルではない。ウィリアムズもミナルディも電子操縦補助装置がはびこっていた時代に同様なシステムを開発していたのだが、1994年禁止されてしまった。一方マクラーレンのシステムは合法と見なされた。ドライバーが操作するシステムであり、オートマチック・トラクションコントロールの機能は構成しないというのがその根拠だ。しかしこの手のテクノロジーは、F1が本来持っている豪快な面白さをスポイルするとの声も上がっている。

デザイナーが持ちかけるアイディアに一つ一つ答える形で、FIAが明文化されたレギュレーションに"肉付け"の説明を加える、F1の世界ではその頻度がますます増えている。チームとしては白黒つけがたい所に紛れこみたいところでも、判定を仰ぐ義務を負わせる。そういう形でコントロールする以外、現実的な方策はないだろう、それがFIAの実感だ。デザイナーが明文化されたルールを回避する方法を見つけ出すのは世の常だからだ。マクラーレンの目新しいブレーキシステムも、一度この種の説明により認められて以降、多くのチームが模倣している。

ピットクルーを守るマスクとゴグル

ピットストップの間、ドライバーはブレーキペダルを踏み放しにしてピットクルーの作業を助ける。

ホイールをはずすと、カーボンの粉末が黒々とした濃い煙となってブレーキから立ちのぼる。だからピットクルーは口と鼻を覆う防護マスクをかぶり、目を護るゴグルをかけている。

chapter 6
サスペンション、ホイール、タイア
SUSPENSION, WHEELS & TYRES

　1994年からピットストップ中に再給油が行われるようになると、タイアは再び脚光を浴びるようになった。車が再給油のため入ってくると、ピットクルーは驚くべき速さと正確さでタイアを交換する。テレビに映ったこのシーンに人々は夢中になった。またタイア交換によりF1はチームスポーツである一面もクローズアップされた。

　非常に進化した空力デバイスと相まって、高度に開発されたタイアは、現代のF1に底知れぬコーナリング性能をももたらす立役者となった。高速コーナーでは3.5を超える横Gを記録するときもある。F1用タイアの最大幅は381mmで、これは1993年シーズン開幕より変わりない。一方1998年導入の新しいレギュレーションでは最小幅も規定しており、フロントで305mm、リアで356mmとなっている。すべてラジアルプライ構造のチューブレスだ。

　ブレーキパッドとディスク同様、タイアも適正温度に達して初めて所期の性能を発揮する。適正温度は通常トレッド部で125℃前後だ。タイアは走りだすまで最適温度近くまで電気式のタイアウォーマーで覆って暖める。

　F1タイアのバルブコアは一般用タイアとは別物で、レースコンディション中発生する高温にも耐えうるシールが施されている。空気圧は大抵の一般用タイアよりも低い。ちなみに空気圧を変えるとハンドリング特性も変わるので、ハンドリングセッティングの一手段として用いられている。

　タイアセッティング時の変動要素を減らすため、充塡する空気は慎重に管理する。普通の空気ではなく特別な装置により加工した空気を使うのだ。充塡用コンプレッサーとリンクしたこの装置は、窒素を多く含み水分のまったくないガスを生成する。こうすればどこで充塡しても4つのタイアは必ず等しい膨張率を保つし、温度変化による空気圧の変化も均一となるわけだ。レースが進むにつれ内部温度が上昇していき、時に0.7kg/cm²(10psi)もの高圧に達する。だから空気圧には常に目を光らせ、タイアが適温になったところで設定する。

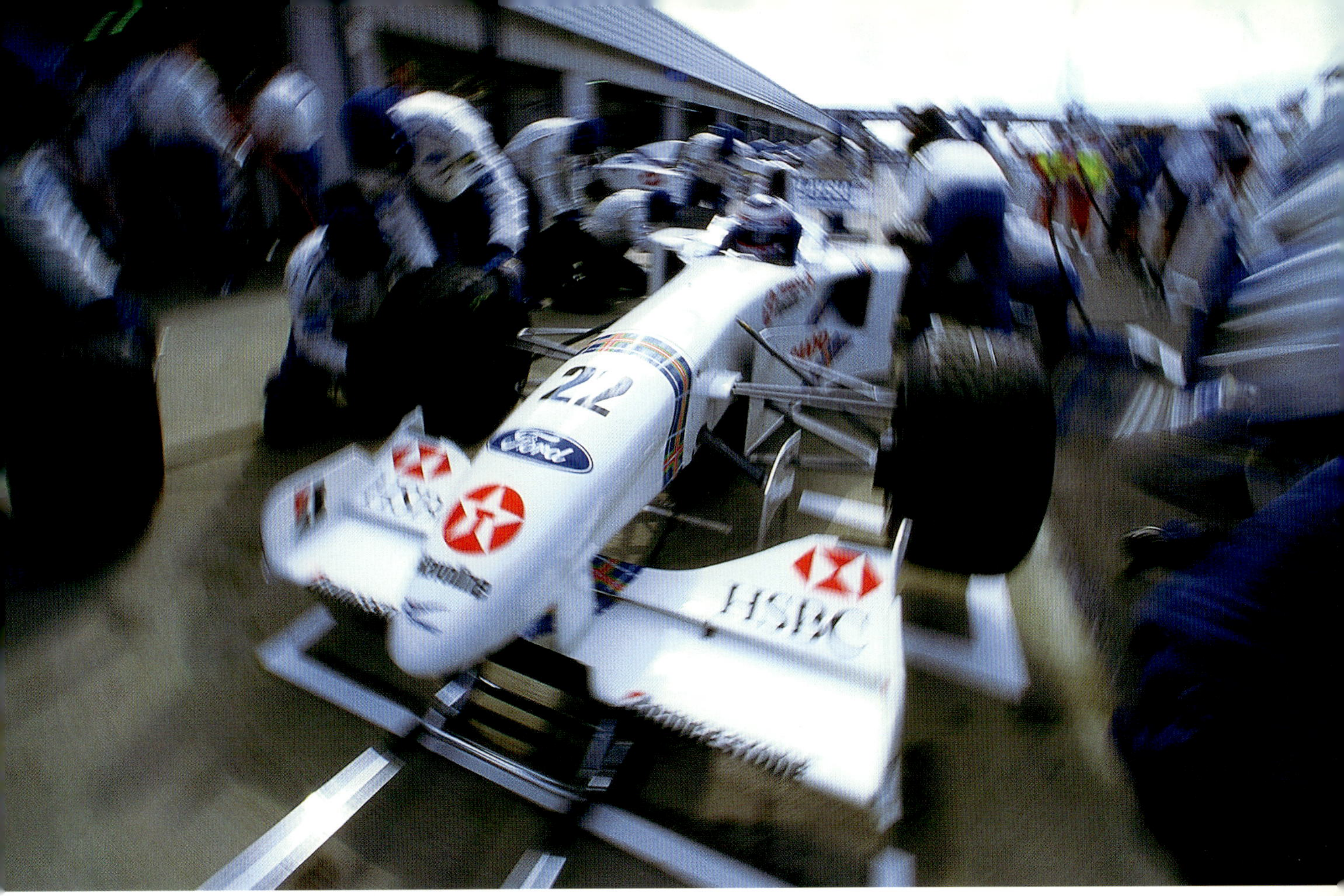
22
HSBC

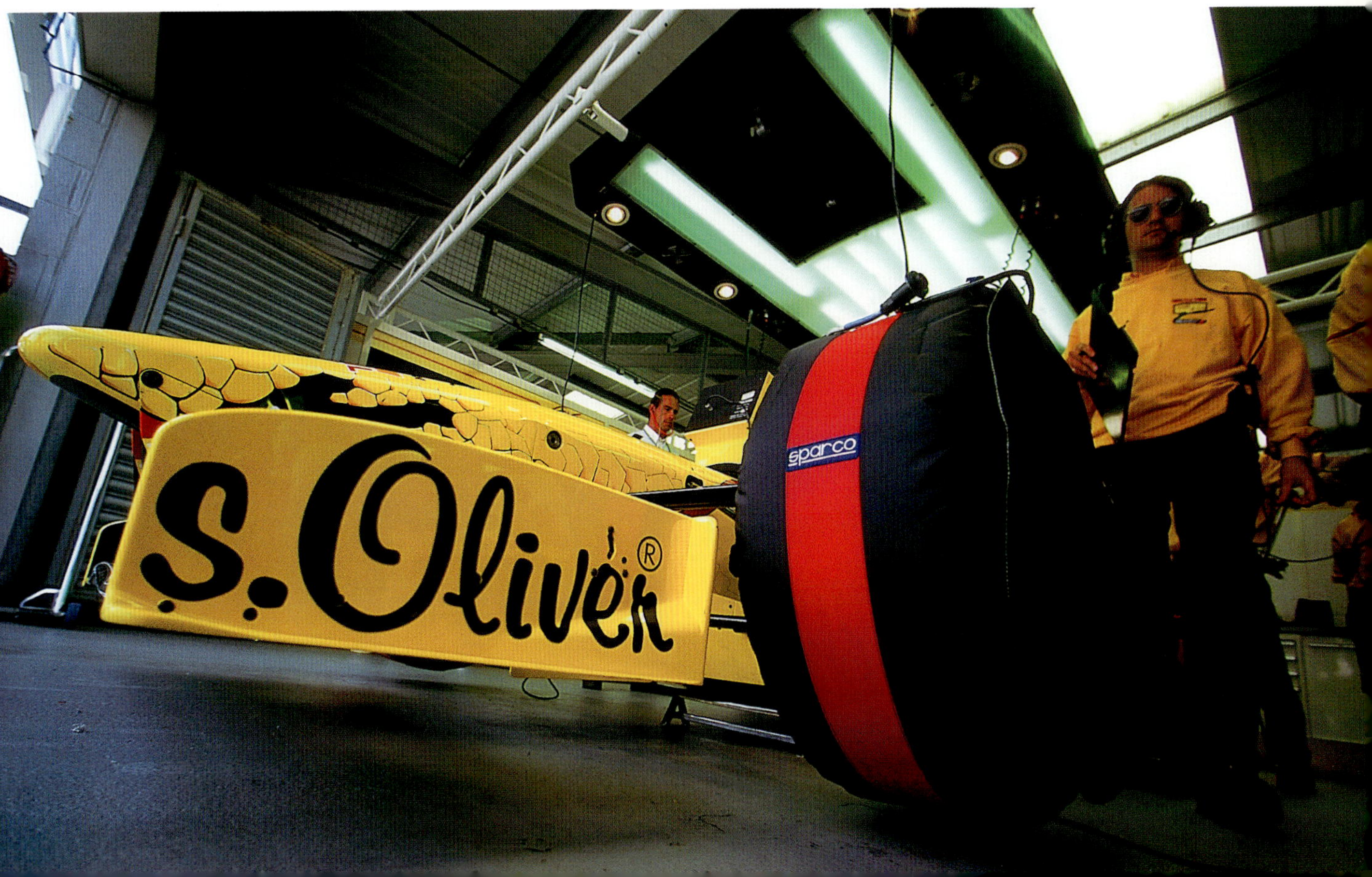
s.Oliver®
sparco

タイア性能に影響する力

　車重、空力、コーナリングフォース、加減速時のGなどの相乗効果による、1本のタイアにかかる"重量"をタイア荷重と言う。コーナリング中は荷重が横方向に移動するから外側タイアの荷重が高まり、内側タイアの荷重が減る。またサイドウォールの剛性はタイアのコーナリング性能にとって非常に大切だ。ドライバーからのステアリング入力に対する応答性に直接関与するのが、このサイドウォールの剛性なのだ。

　重量配分もタイア性能に大きな影響をおよぼす。車の主要コンポーネントのなかでも重量のかさむものはどうしても後部に集中するので、リアタイアは相対的に大きな荷重がかかる。リアタイアの仕事量はそれでなくとも多いのだ。フロントタイアはコーナリングフォースとブレーキングフォースに対応するだけですむが、リアタイアはこれに加えて駆動力を生まなければならない。最高速時のタイアは2800rpm前後で回転し、トレッドには強大なGがかかる。

　タイアのグリップ（アドヒージョン）は主としてトレッドパターンとトレッドの構成物質、すなわちコンパウンドによって決まる。摩耗性もコンパウンドしだいで決まる。タイアの基本構成成分は高分子合成ゴム、カーボンブラック、オイル、各成分をうまく結びつけて安定させる各種配合物の4つがある。

　グリップそのものはタイアとコース面との狭い接触面から生まれるが、ドライバーはグリップレベルを両手両足、そして尻で感じ取る。

GY vs BS

 つい最近まで、敢えてF1にタイアを供給しようというメーカーはグッドイヤーただ1社だった。オハイオ州アクロンに本拠を置くグッドイヤーは、様々なタイプのサーキットに適合し、グリッド上に並ぶ車全車に共通して使えるタイアを提供してきた。1社体制だっただけに、タイアをめぐる状況は比較的単純で、1回のグランプリレースで使うタイアは1500本もあれば充分だった。

 ところがそこにライバルと新レギュレーションの二つが立ちはだかった。グランプリのベテラン戦士グッドイヤーは日本メーカー、ブリヂストンの挑戦を歓迎すると公の場ではっきり言い切った。ブリヂストンがF1に参戦してきたのは1997年シーズンの開幕からだった。ほぼ半数のチーム（ただしトップチームは一つもなかった）がブリヂストンと契約を結んだ。これで開発のテンポに拍車がかかり優位を争う戦いに火がついた。

 長年1レースについてドライタイアを1仕様供給すればすんでいたものが、FIAが1997年に導入した新レギュレーションにより二つのタイプのタイアが必要になった。すわなち"基本"タイプと"オプション"タイプ（一般的にこちらのコンパウンドの方が柔らかい）の2種だ。チームはフリー走行では二つのタイプ両方を使って走れるが、予選と本番では車毎にどちらか一方を選ばなければならない。二つに一つの選択で、1台に両方を混ぜ合わせて、例えばフロントは基本タイプ、リアはオプション・コンパウンドという風に履いてはならなかった。

 新参ブリヂストンとの競争の結果、ウェットタイアの種類もがぜん増えた。それに拍車をかけるように、新レギュレーションのせいで1回のレースに持ちこまれるタイアの数は急激に増えた。1997年グッドイヤーだけで1レースに持ちこんだタイアは実におよそ2300本、しかも彼らが供給したチームの数は前年よりずっと減っていたにもかかわらずだ。

 二つのタイアメーカーが互いにしのぎを削る結果、新タイプのタイア生産は否応なしに急ピッチで進んだ。1997年両社の間で激化した"タイア戦争"の結果、ラップタイムは4秒も縮んだ。同シーズン中グッドイヤーは本数にして3万本、種類にして61のドライタイアと22のウェットタイアを造らざるをえなかった。前年はドライタイアが10種、ウェットが8種に過ぎなかったから、いかにこの戦いが熾烈に展開したかがわかろうというものだ。

 1997年シーズン終了後、マクラーレンとベネトンはグッドイヤーに引導を渡し、ブリヂストンを全面的に支援することにした。事ここにおよんでグッドイヤーは1998年終わりをもってF1から撤退すると発表するのである。1997年一つの取りこぼしもなく完全勝利を収めていながらの決定だった。ブリヂストンがついにグランプリ初勝利をとげたのは1998年の緒戦、メルボルンで行われたオーストラリア・グランプリだった。勝利をもたらしたのはマクラーレンのハンドルを操るミカ・ハッキネンだった。

溝つきタイヤの採用

　1998年シーズン開幕に合わせてレギュレーションが大幅に改定になった。安全性の見地から、コーナリングスピードを落とそうとFIAは躍起になっていたのだ。新レギュレーションは従来より車幅を20cm狭くすること(10％に相当する)と定め、最大トレッドも200cmから180cmへと縮小された。これに対してチームはサスペンション長を縮めてホイールを車側に寄せる方法で対応した。車体自体を狭くするとダウンフォースが減ってしまうからだ。

　さらにFIAは1970年より長らく使われていたスリックタイヤの代わりに溝つきタイヤの装着を義務づけた。フロントには3本の、リアには4本の溝をつけなさいというのだ。溝はすべて14mm幅で底に行くほどテーパー状に細まり、底部の幅は10mm、深さ2.5mmで50mmの間隔を置いてついていた。結果コース面とゴム面との接触面積は17％減った。

　新レギュレーションが車の性能におよぼした影響は大きかったが、デザイナーは創意工夫をこらし、最終的にはレギュレーション変更で失った性能を別の方法で埋め合わせた。むしろ前面投影面積が減った分、抵抗も少なくなって、長い直線路によっては以前よりわずかながらスピードが伸びたのはいかにも皮肉だった。しかしリアディフューザー幅を一部失い、コース面との貴重なラバーコンタクトを奪われたのは紛れもない事実で、レギュレーション改定後の車はコーナーへの進入、通過、脱出スピードが一貫して以前より劣り、スタートラインからの発進も遅くなった。

　グリップを落とせばレースの質が上がるだろう、FIAはそう睨んだのだ。例えばブレーキングディスタンスが長くなればその分"オーバーテイクゾーン"も長くなるだろうと。FIAの目論見どおりに行くかどうか、知っているのは時間だけだ。

コーナリングスピードは落ちたのか

　溝つきドライタイアというのは、他のレーシングタイアとは同列に語れない、今までになかったタイアだ。禁止となったスリックに溝を掘ったのでもなければ、ウェットタイアをドライ用に転用したのでもない。溝つきドライタイアを造るには、既存のタイアとは根本的に異なる設計コンセプトが必要だった。今までにないコンパウンドを開発しなければならなかった。耐摩耗性に優れながらも最大限の性能を発揮できるコンパウンドだ。新しい構造と素材もテストした。可能な限り最良の製品を送りだそうと両メーカーは実に様々なプロファイルを生み出した。

　幅の狭い車体に溝つきタイアという新しいスペックをテストし始めた当初は、ラップタイムが6秒も遅くなると予想された。しかし冬のあいだを通してチームとタイアメーカーは協力して精力的な開発作業を進めた結果、失われた性能の大半を取り戻すことができた。制動距離がほとんど長くならなかったのは意外と言ってよいかもしれない。車は以前よりスライドしやすくなったが、ドライバーはこれを計算に入れたドライビングスタイルに修正した。

　1998年グランプリ緒戦が行われるころには、ラップスピードの低下は無視できるレベルにまで回復した。しかし少なくともFIAは車の性能を押さえこんだ功績を認められていい。なんの手段も講じなければ間違いなくラップスピードは前年より速くなっていたはずだ。

　1998年のタイアレギュレーションにはもう一つ変更点があった。一人のドライバーがグランプリ1戦に使えるタイアの本数は4本増えて40本になった。一人のドライバーがグランプリ1戦に使えるウェットタイアは28本と変わらなかったが、これまでのように使ってもよいスペックの種類は無制限ではなく、メーカーが1戦につき供給できるのは最大で3種類までとなった。

ウェットタイアは25%が溝

　ウェットタイアが使えるのは競技長が、当該サーキットが"ウェット"である、と公式に宣言した場合に限る。構造はドライタイアと同じだが、トレッドパターンは大いに異なる。トレッド上の溝はなるべく大量の水を排水して、コース路面をグリップするようデザインされている。

　FIAのレギュレーションはウェットタイアの"陸対海"の比率を75%と定めている。陸というのはトレッド面であり海は溝だ。つまり総トレッド面積のうち25%は溝でなければならない。

　一口にウェットといってもうっすら濡れている程度から、一部水が川のように流れている状態まで千差万別だ。ウェットタイアを設計する際、多様な状況に左右されることなく一様に優れた性能を発揮するよう目標を置く。従ってウェットタイアは、水の量に関係なく排水できる能力があれば良いだけでなく、タイアコンパウンドが本来持つ最適性能を保てる温度を維持する能力が求められる。ここでなにより物を言うのはトレッドパターンだ。

　ところでオーバーヒートはウェットタイアをあっと言う間に劣化させる。コースが急速に乾きつつある状況下、ウェットタイアはとりわけこのオーバーヒートに弱い。レースが進むにつれ、誰もが通る通常のレーシングライン上に溜まっていた水や湿りけは、車がはね飛ばして徐々に"線路"ができていくものである。しかしウェットタイアがオーバーヒートするのを恐れるドライバーは、わざとそのラインをはずしてコースのなかでもまだ濡れたところを選んで走る場合がよくある。

SUSPENSION, WHEELS & TYRES

タイアメーカーの技術者

　タイアメーカーはグランプリのたびに、タイアをホイールに装着し、空気を充填し、バランスを取り、ホイールからはずすのに必要な機器を一式すべて搬送する。メーカーはコンピューターも持ちこんで、在庫管理をするとともに技術データを本社のメインコンピューターに送り、さらに分析を行う。

　タイアメーカーがおのおののチームに配属するタイア技術者にとって、グランプリのある週末は息つく暇もない。ドライバーがピットに帰るたびにタイアの状況をモニターする。これは必ず行う積み重ねの作業だ。タイア技術者が温度と摩耗状況を記録してくれるおかげで、タイアのみならずシャシーとサスペンションの性能を向上させる上で欠くことのできない指標ができる。このデータがあるとサーキットの特性が変わったなと分かるときがある。例えば前回F1レースが行われて以来、コース路面の補修があったような場合だ。

タイヤの使い方

　タイヤをいたわりながら走る、これはレースに勝つ定石だ。ドライバーの乗り方、コース状況、あるいはその二つが組み合わさって、タイヤトレッドが傷つき性能が大きく劣化する場合がある。よくあるのはグレイニングとブリスタリングだ。前者は横方向に大きなグリップをかけすぎたためのトレッド剥離、後者はコンパウンドが加熱して起こる。写真のようにブレーキを強くかけすぎてロックさせてしまうとタイヤの性能は著しく劣化する。ワールドドライバーズ・チャンピオンに3度輝き、今はフェラーリのアドバイザーをしているニキ・ラウダはこれを「タイヤをレイプする」と表現した。
　レーシングタイヤの設計に妥協はつきものだ。少しだけ例を挙げよう。タイヤはバネ下荷重を減らし、最大のロードホールディングを得るため少しでも軽量であるのが望ましい。その一方で大きな荷重に耐えうる強度も求められる。グリップは大きいほうが理想だが、耐摩耗性にも優れていなければならないし、安定した性能も求められるといった具合だ。
　新品タイヤは"ステッカー"タイヤと呼ばれる。メーカーが貼りつけた識別用のラベルがまだついたままのタイヤだ。初めて走り作動温度に一度達したタイヤを"皮むきのすんだ"タイヤという。

ホイール・サプライヤー

　鍛造マグネシウム合金ホイールをチームに供給するのはOZ、BBS、フォンドメタル、スピードライン、エンケイなどの専門メーカーだ。リアタイヤの方が仕事量が多いのでリアホイールにはレギュレーションで許される最大リム幅を採用する。チームとタイヤメーカーは協同でリアにバランスするフロントリム幅を選択するが、現在フロントリムの幅は広がる傾向にあり305mmあるいはそれ以上ある。
　FIAのレギュレーションでは大きな衝撃を受けた際、ホイールはボディから千切れる構造であることと定めている。これは1994年イモラでセナの命を奪った事故の直接の所産だ。事故後の調査により、致命傷となった原因はコースを仕切るコンクリートウォールに激突したためではなく、右フロントホイールについていたサスペンション部品が、ヘルメットバイザーを貫通し右眼窩の真上から頭蓋骨に突き刺さったためと判明した。ホイールは衝撃できれいに外れたが、ステアリングアームがホイールとボディを繋いだまま残り、弧を描いてコクピットに振りかかってきたのだった。

SUSPENSION, WHEELS & TYRES

サスペンションアームもカーボン製

　F1の主要サスペンションコンポーネントといえば、アッパーとロワーのウィッシュボーン、インボードダンパー／スプリングユニットに力を伝えるプッシュロッドなどがあるが、つい数年前までこれら部品はスチール製だった。その後一部チームが試験的に流線型化の目的でサスペンション部品にカーボン製の覆いをつけたのがきっかけとなり、カーボンコンポジットでできたウィッシュボーンが登場する。

　デザイナーが自信を深めるのにともなって、サスペンションにおけるカーボンコンポジット製部品の占める割合がどんどん増えていった。やがて金属部品は強化部材（チタン製のプレートとフィッティング）としてほんの数箇所に使っているだけというサスペンションが登場した。そして今では全カーボンコンポジット製サスペンションが主流だ。スチール製ウィッシュボーン1個をカーボンコンポジットに替えると、400g前後の軽量化になる。スチールからカーボンコンポジットへの変遷は充分価値があったわけだ。

　外部に露出したサスペンション部品は抵抗を減らすよう、大抵"ナイフエッジ"状に仕上げる。

　4つのサスペンションアッセンブリーの外側端部にあるのがアップライトだ。アップライトは通常チタンの塊から機械成形する。ウィッシュボーンとプッシュロッドをアクスル／ホイールベアリング・アッセンブリーとブレーキユニットに結びつける、ジョイントの役を果たす（フロントアップライトではステアリングアームもこれに加わる）。

　ダンパー／スプリングユニットはインボード配置で、ロッカー機構を介してプッシュロッドと結ばれる。フロント（写真）ではシャシー上に置かれ、カーボンファイバー製のハッチカバーがこれを覆う。リアではギアボックス頂部に置く。空気の流れから離して置き、抵抗を減らすのが最大の目的だ。ダンパー／スプリングユニットが、ホイールとシャシー横腹の間に剥き出しのまま配置されていたのは遠い昔のはなしだ。ツインダンパーシステムの車もあれば3本ダンパーの車もある。ダンパーはザックスやビルシュタインなど専門メーカーがチームに支給するが、その設計はチームとメーカーが協同で行う例が多い。

バーチャル・テスト

　車が縁石に乗り上げた時のいなし方が格別上手なサスペンションがある。そういうサスペンションだと、ドライバーが縁石をうまく利用してレーシングラインをたどれる。あるいは4本あるタイアのうち1本だけが、縁石にごく軽く触れるだけですり抜けていくときがある。縁石に触れたことは土煙がぱっと上がるので初めてそれと分かるが、タッチが軽いので問題はなにもない。そうかと思うと縁石にガツンと乗り上げて、サスペンション全体に鋭いショックが伝わってしまうコーナリングもある。さらに下手をすれば宙に浮いたあとドスンとばかりに着地したりする。そうするとサスペンションをひどく傷めたり、他の部分にもダメージがおよびかねない。

　リアサスペンションには複雑で強い構造負荷がかかるだけでなく、高温にも晒される。排気システムのすぐそばにあるせいで、リアサスペンションを支える構造物は120℃以上の高温に達する。

　設備の整ったチームは、サスペンションの動的性能テストを、本拠地工場内の静的テストリグ上で難なく行うことができる。まず車を複雑な油圧システム上に載せる。サーキットで車が受ける負荷を再現するシステムだ。前回走ったサーキットのデータを、車載の記録機器からソフトウェアにダウンロードする。そのソフトウェアがコマンドを発して油圧システムを動かす。静的テストリグでは、例えば高速コーナーで前後のサスペンションが受ける負荷を再現するし、コース面の突起によるショックも再現できる。同時にブレーキング時、加速時の負荷もかけられるし、お望みなら空力負荷も一緒にかけられる。両者を別個にかけるのも同時にかけるのもお好み次第というわけだ。

　写真の気迫溢れるドライビングは、このところ元気のいいジョーダン・チームの心意気をよく表している。

SUSPENSION, WHEELS & TYRES

スタートの瞬間

　FIAのレギュレーションは、レース開始5分前には4つのホイールすべてを装着するように定めている。レース開始5分前を告げるシグナルが掲示された時点でホイールをつけていないと、ピットレーンないしはグリッド最後尾からのスタートとなる。開始5分前のシグナルが出てからスタートまでの間に雨が降りはじめた場合、競技長の判断でタイア交換ができる。この状況ではカウントダウン中断のライトが点灯し、レース開始15分前の時点で改めて秒読みが始まる。

　ひとたび赤のライトが点灯したら車が前ににじり出ないようにドライバーはブレーキを踏んで静止させる。モナコ・グランプリだけは特別で、スターティンググリッド1台毎にセンサーが埋めこまれている。センサーは車体側にもあるので、ドライバーがフライングを企てても二つのセンサー相互の働きでそれと判ってしまう。グリッド上で車が前ににじり出ないようにするのは大変なことだが、ドライバーはなんとしてもこれだけは防がねばならない。グリッドに埋めこまれたセンサーと車載センサー双方の間で車が動いたと記録されると、ペナルティを課せられてしまう。チームに違反の通知がされてから3周以内にピットレーンに入り、FIAオフィシャルが油断なく目を光らせる出口で10秒間完全に静止しなくてはならない。

　例えば鈴鹿などその典型なのだが、スタートラインが強い下り勾配の直線路にあるサーキットでは、車がにじり出すのを防ぐのはさらに骨が折れる。

　赤のライトが消えるとレースのスタートだ。タイアから青い煙が上がり、車は野に放たれた野獣さながらの凶暴さでスタートポジションから発進する。ドライバーは第1コーナー進入にあたり、少しでも有利な位置につけようと虎視眈々と狙う。最も有利なレーシングラインにつくべくドライバーが一斉に競り合うので、スタート直後の第1コーナーでは接触事故が多発する。

　ドライバーが目の色変えて第1コーナーへダッシュするのは、一旦レースが落ちついてしまうと何周かけても望めないようなジャンプアップをわずか数秒で果たせるチャンスがあるからだ。マクラーレンのデイヴィド・クルタードなど、このテクニックを芸術の域にまで昇華させた。しかしドライバーのだれもが同じ思惑を胸に秘めているのだから、第1コーナーで事故が起こる可能性は高い。

chapter 7 THE COCKPIT ENVIRONMENT コクピット

　厳密に言うと"テクノロジー"の範疇には入らないが、F1を動かすのにドライバーがいなければ話にならない。ここではぜひともドライバーと、その仕事場コクピットにも触れておこう。

　F1の底知れぬ性能はドライバーの肉体に途方もない負荷を課す。1998年にグリップを減らす新レギュレーションが発効する以前、高速コーナーでは3.5を超す横Gが現実に発生していた。これを換算するとドライバー頸部の筋肉には30kgを超える横方向の力がかかっていたことになる。新しいレギュレーションが導入になった以降も、横Gはレース距離を走りきったドライバーを疲労困憊させるに充分なほど苛酷だ。

　横方向だけではない。スパのS字コーナー、オー・ルージュは観る側からすれば迫力満点だが、ここを筆頭としてドライバーの脊椎を強く圧迫するコーナーがある。下り勾配から瞬時に上り勾配に転ずるため、強い縦方向のGが発生するのだ。

　加減速時の力も劣らず苛酷だ。車はコーナーを脱出すると息つく暇もなくスピードを増していき、コーナー手前では容赦なくスピードを殺す。ドライバー頸部の筋肉はほとんど息つく暇もなく前後方向の力に抗って頭部を支えねばならない。2G程度の加速なら、コクピットに備わるヘッドレストの助けもあって、まあなんとか耐えしのげる。しかしグリップを減らすレギュレーションが発効する前の1997年には、高速サーキットにおけるブレーキング時の減速度が4.5Gから4.9Gに達するなど当たり前だったし、ホイールをロックでもさせようものなら、最大値は6Gにまで迫った。

　激しいコーナリングや、ブレーキングの最中に遭遇する高いGのせいで、ドライバーの目がよく見えなくなる場合がある。強大な力に押されて眼に行くべき血流が阻害され、周辺視力が低下し、遠くのものが歪んで見えるのだ。コース面上の鋭い突起が起こす視力障害は、これに輪をかけて深刻だ。強い縦Gのせいでドライバーの眼から血液が瞬間引いてしまうのだ。ブラジルのインテルラゴスはバンピーなサーキットとして悪名高いが、ここには文字通り"ブラインド"で抜けていくしかないコーナーがいくつかある。

Barrichello

強靭な体力

　かくも強大な力が体にのしかかるのだから、F1ドライバーが第一線に留まるため、常人では考えられないフィットネストレーニングを続けるのも頷ける。縦と横方向の強いGに抗するため、頸部筋肉は充分に鍛える必要があるし、腕の筋力と握力も強化する。なにしろ相手にするのは縦横方向のGだけでなく、コース面の突起や不整による垂直方向のGもあるし、さらにはステアリングホイールも回さねばならないのだ。高速時には空力によって強いダウンフォースが生まれるから車の"重量"は増し、240km/hでは1トンを超す。だからステアリングホイールだって猛烈に重くなるのだ。

　平常時の心拍数は1分間あたり60から80というところだが、予選や本番での高速走行時ドライバーの心拍数は急上昇する。写真は緊迫した予選セッションの合間を縫って一息入れている北アイルランド人エディ・アーヴァインで、自分のラップタイムに目を凝らしている。

　話は超高速サーキット、ホッケンハイムで行われた1997年ドイツ・グランプリの予選に飛ぶ。ここで一つの実験としてスチュワートのドライバー、ルーベンス・バリケロの心拍数を測ったことがある。ある周回の第1コーナー進入時、バリケロの心拍数は1分あたり160だった。同じ周回の途中では190という最高値に達した。F1の予選中1分あたりの心拍数が実に210に達したという記録がある。健常者でなければ命取りになりかねない数字だ。

　2時間の長丁場にわたるレースの最後まで体力と集中力を維持するため、ドライバーは全身くまなく健康を保ち、充分な持久力を蓄える。レースが行われる国によっては気温も高く、コクピット内部はたちまち50℃にもなり、ドライバーを責める。暑さに追い打ちをかけるのが、多重構造の耐火レーシングスーツだ。脱水症状も疲労の大敵だ。レース中ドライバーの体からはほぼ1ℓの水分が失われ、体重は2kg前後減る。ドライバーは時々車載の小瓶からエネルギー補充のドリンクを一口啜り、失った水分とビタミンを補う。また、スポーツ選手に流行中の鼻腔を広げ呼吸を楽にする絆創膏がドライバーにも受けている。

レーシングスーツ

　かつてのF1はよく出火し、ドライバーが炎に飲まれて死亡した。現在では出火の危険性は昔よりはるかに減り、設計段階から充分管理されている。しかしひとたび火が出れば危険であることに変わりはなく、入念な対策を講ずる。ドライバーのレーシングスーツは軽量で、難燃性の素材を4層に重ねてできている。各層はノーメックス繊維を織り上げた織物で、縫製も同じ織物を使う。ノーメックスとはデュポン社が特許を持つケブラーを成分に含む製品だ。FIAのレギュレーションでは、800℃の液化プロパンの炎を12秒間繊維の特定の部分に狙いを定めて噴射し、その難燃性を確認するよう定めている。テストの結果、一番外側の層はひどく損傷したが、一番内側の層は軽く焦げた程度で優れた性能を立証した。現場では皮膚まで貫通しようとする直火に30秒晒してもドライバーを守るようにできている。

　レーシングスーツの高い難燃性を証明するには、1994年ホッケンハイムで行われたドイツ・グランプリでオランダ人ドライバー、ヨス・フェルスタッペンが再給油のためベネトンをピットストップさせた際に起こった、大規模火災事故を引き合いに出すのが一番だ。写真に写っているのは、そのフェルスタッペンの最近のファッションで、ティレルに在籍した1997年シーズンのスタイルだ。

　レーシングスーツの下には長袖ロールネックのノーメックス製ベストを着る。さらなる耐火性を求めて"ズボン下"をはくドライバーは少なくなった。とかく狭いコクピットのこと、膝、肘、足首をぶつけて痛い思いをすることがよくあるので、大方のドライバーはこの部分のパッドを厚くしている。指のつけ根の関節を保護するため、ノーメックス製グローブのこの部分はパッドが一段と厚い。まめを防ぎ、ステアリングホイールをしっかり握れるように、手の平部分はスエードでできている。耐火ソックスをはいた上に、ノーメックスで裏打ちしたスエード製の靴をはく。耐火性を確保した上で足の裏の微妙なコントロールをペダルに忠実に伝えるためだ。FIAが認可したヘルメットの下に、ノーメックス製のフェイスマスクをかぶる。

　FIAの検査員はドライバーが着用する防火装備一式を車検の際に点検する。またレース後抜き打ち検査もある。

　レーシングスーツはカスタムメードだ。着心地がいいし第一恰好がいい。しかも極めて機能に忠実に作られている。肩章が単なる飾りではなく特に頑丈に作られているなどはその良い例で、事故でドライバーが動けないとき、ここを掴んで引っ張りだせるようになっている。

　コーナリング中の高いGにより、臀部には100kgに相当する負荷がかかるので、ドライバーはコクピットの居心地をよくするためそれぞれに工夫をこらす。例を挙げよう。ジャック・ヴィルヌーヴはレーシングスーツを仕立てるとき、腰ポケットをつけないでくれと注文する。ここが擦れると痛いのだ。1997年シーズンでF1から引退したゲルハルト・ベルガーも同じ理由で、脇腹にあたる縫い代を普通とは別のところに変えてもらっていた。

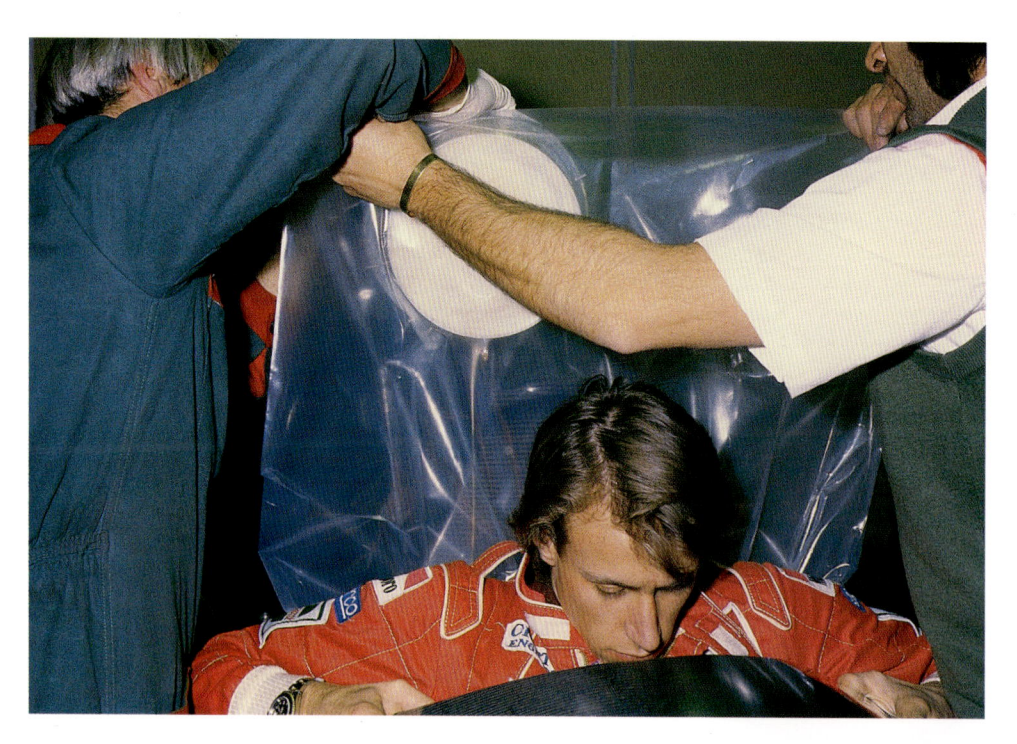

シートもオーダーメイド

　強大なコーナリングフォースや加減速に抗して、ドライバーの体をしっかりと支えてくれるのはシートだ。だからシート合わせの作業は非常に重要で、ドライバー本人の体型にぴったり合わせて作る。

　シート合わせはチームの工場で行う。まず大きなビニールの袋をコクピットに敷きつめ、ドライバーがその上に座る。袋の頭は口を開けたままにしておき、2種類の化学薬品を等量、なかに注ぎこむ。写真はイタリア人ドライバー、ルカ・バドエルがシート合わせをしているところだ。注ぎこむ直前に混ぜ合わされた2種類の化学薬品は、すぐさま化学反応を始め発泡体を形成し、袋のなかで膨らみ、ドライバーの体型にぴったり合った形のまま固まる。

　化学反応が最終段階にあるその間、ドライバーは車のなかで楽な姿勢をとったまま動いてはならない。そうして姿勢を崩さないまま、発泡体が固まるのを待つ。固まりつつあるなと感じた大切な瞬間を逃さず袋をシート代わりに体を委ねる。しかるのちに袋を車外に取り出し、端から余分な部分を切り取って形を整える。こうしてでき上がったシートは樹脂を数層塗り、さらに硬化させる。これでサーキットの酷使にも耐える強度になる。

　スペアカーないしはチームメートの車に乗り換えるときには、ドライバーは自分用に誂えたシートを持っていく。ちょうどそんな場面を捉えたのが右の写真、予選で車をクラッシュさせてしまったヤーノ・トゥルーリがシートを手に次の車に乗り換えるところだ。

　将来シートは安全装置の一部になると思われる。素早く取り外しができる構造にしておけば負傷したドライバーをシートに座らせたまま車から救出できる。これで脊椎の損傷を悪化させる危険を大幅に減らせるはずだ。

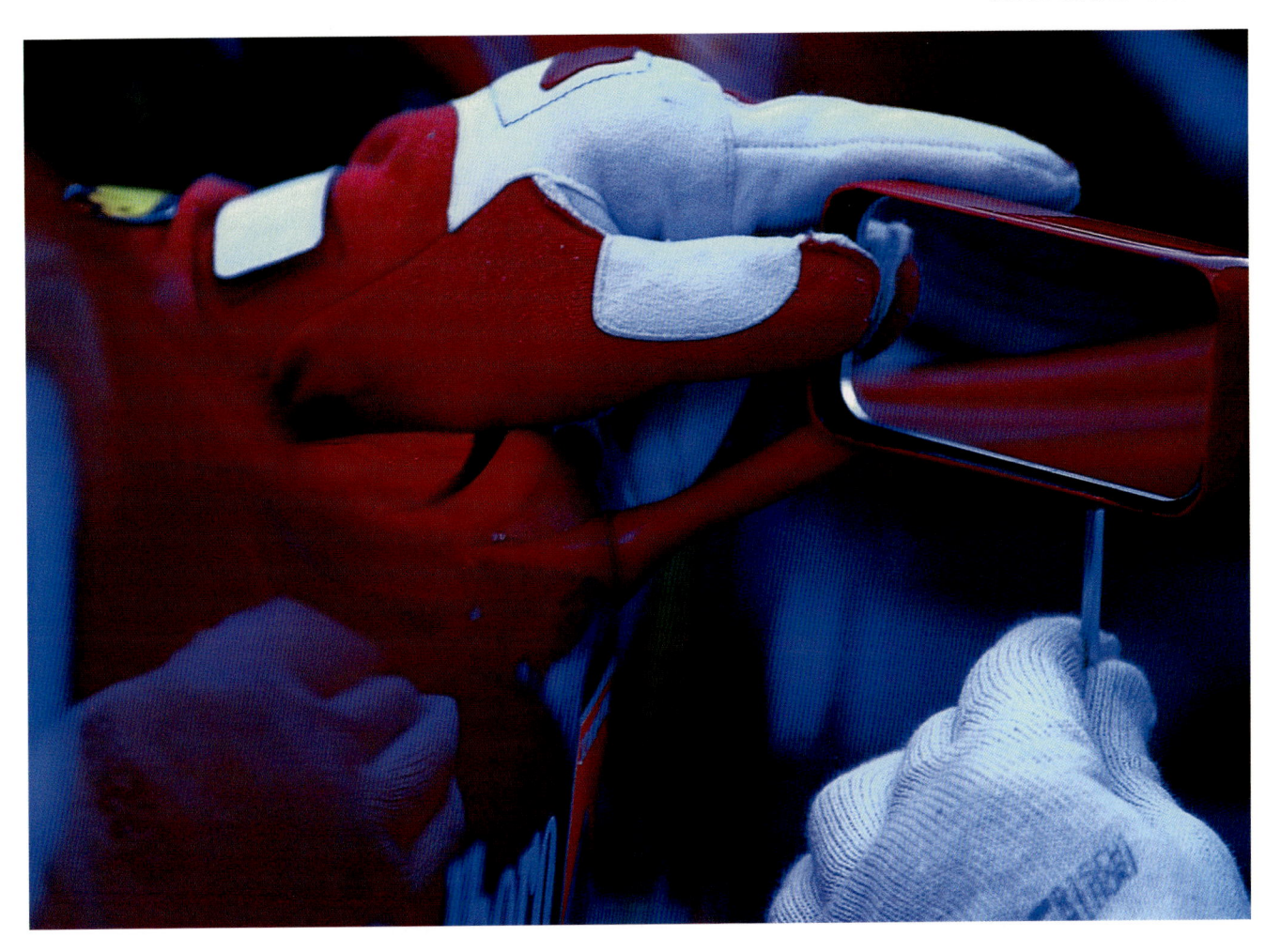

視界を確保するために

　車を設計する際、ドライバーの視界はないがしろにできない。前方視界の善し悪しで、その車の価値が決まってしまうほど重要なのは誰にも理解できる。しかしレースの駆け引きと安全性の見地から、後方視界もそれに劣らず極めて重要なのだ。競争している相手と自分との位置関係を把握していないと、充分な余裕をもってレーシングラインを守れない。それだけですむならまだ良い。後方から急速に接近しつつある車にとって、自分が危険な存在にもなりかねないのだ。だからリアビューミラーの大きさと位置は非常に大切で、両方ともレギュレーションで決められている。またFIAの検査員が番号の書かれた板を持って車の後方に立ち視認テストも行う。

　1998年シーズン、レギュレーションによってリアビューミラーの幅は20mm広がり120mmとなった。一方、縦は50mmで変更ない。

　自分の車の持てる力を限界まで引き出しつつ操縦し、なおかつライバル車との相対的な位置関係にも注意を払う。この二つに意識が集中するあまり、時としてコースサイドで振られるフラッグを見落としてしまう場合だってある。しかしそうなるとひどいツケを払わされる羽目になる。警告旗に応じた動きをしないと多額のペナルティを課せられたり、悪くすると失格になりかねない。ドライバーが何か他のことに気を取られていたり、他車がじゃまになって旗が見えなかったりと理由はあっても処分に変わりはない。こんな事態を防ぐべく、将来的にはF1のコクピットに一連のコード化された警告灯が備わるようになるかもしれない。コースサイドに一定の間隔で置かれた信号発信器からの信号を受けて、警告灯が点灯するのだ。その場合でも従来からある旗も併用されるだろう。

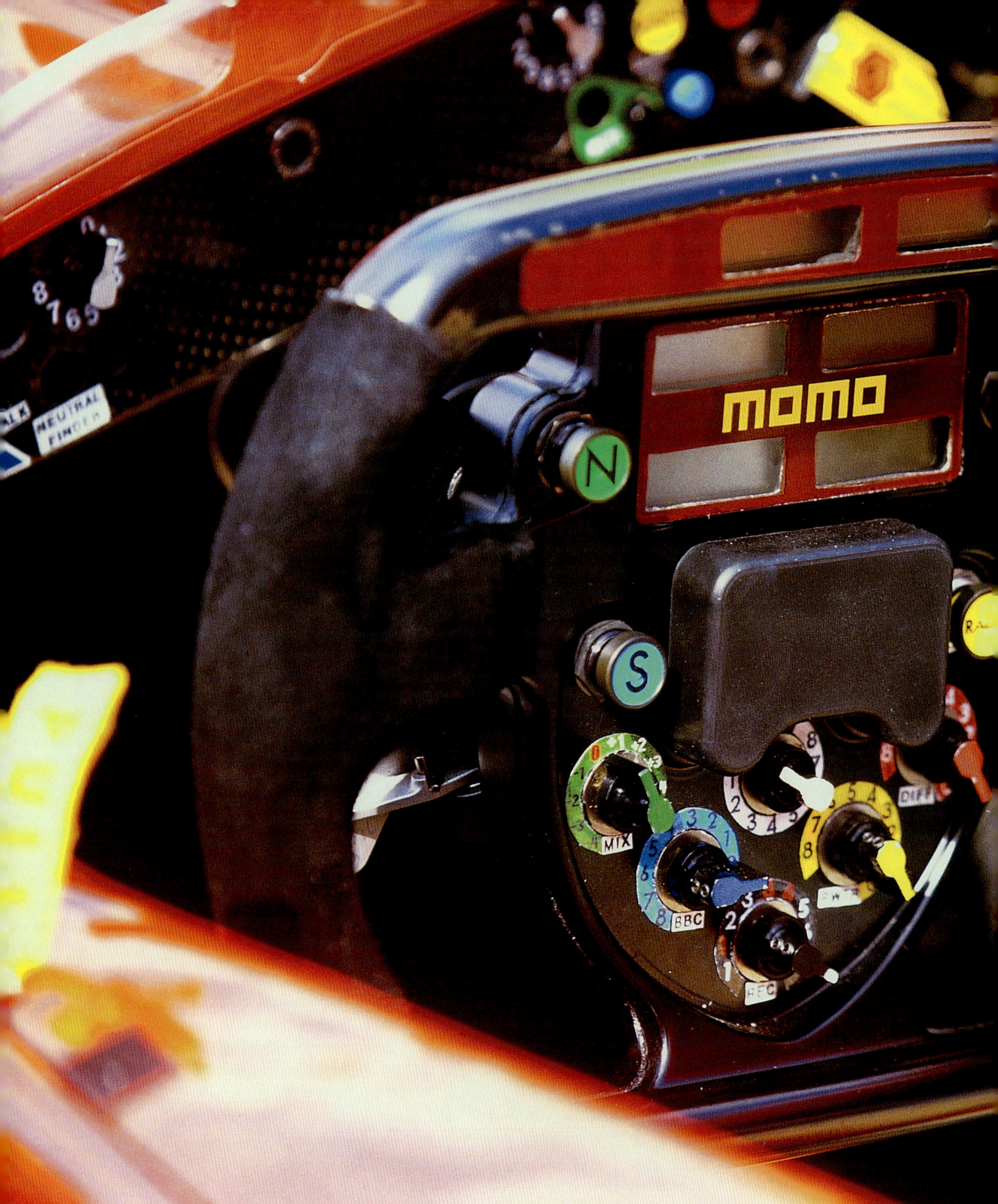
momo
N
S
MIX
BBC
DIFF
NEUTRAL FINDER

THE COCKPIT ENVIRONMENT

コクピットからの脱出

　F1のステアリングホイールには主なコントロール類だけでなく、大方の計器もついている。代表的な計器を挙げるとデジタル表示の回転計、油圧計、燃料残量計、一列に並んだギアシフトライト、各種警告灯などだ。全体がカーボンファイバー製のものが主流だ。緊急時ドライバーがコクピットから速やかに抜け出せるように、あるいはドライバーが自力脱出できない時、引っ張り上げるのに充分な空間が空くように、素早く取り外せなければならない。

　ステアリングコラム頂部の機構を後ろに引っ張るとはずれる。

　ドライバーがコクピットから脱出して、ステアリングホイールを元の位置に戻すのに要する時間は、最大でも10秒を超えぬこと、レギュレーションはそう定めている。車を乗り捨てたドライバーが、ステアリングホイールを元の位置に戻さないと罰金が課せられる。コースマーシャルが車を速やかに安全な位置まで移動させようとしても、ステアリングホイールがないとままならないからだ。

　1998年シーズンに導入になった新レギュレーションにより、車の幅は10％狭くなったが、逆にコクピットの幅は広くなった。ドライバーが素早く楽に降りられるようにだ。なおドライバーの胴が位置する部分のシャシー最低許容寸法も、従来の正方形の一辺25cmから30cmに大きくなった。

ステアリング

　ステアリングコラムは1本の鉄の丸棒から、銃身のように"中身をくりぬいて"作る。軽量かつ高い精度で仕上げられるからだ。F1のハイノーズ化傾向ゆえ、ステアリングコラムはほぼ水平に置かれる。そのためドライバーからの入力をステアリングラックに伝えるには、ギアとベベルギアを複雑に組み合わせて、ほぼ90度向きを変えなければならない。

　ドライバーの好みに合わせてステアリングコラムは調整できるようになっている。例えばゲルハルト・ベルガーは194cmの長身だったので、膝との干渉を防ぐためステアリングコラムを調整する必要があった。またデイモン・ヒルは並外れた大足の持ち主だが、なにぶん寸法の限られたコクピットゆえ、足が入るようにデザイナーは大いに頭を悩ませたという。

　ステアリングラックは近年目ざましい進歩を遂げた。かつてなかった優れた素材と設計とが組み合わさり、軽量で高効率に作れるようになったのだ。また耐摩耗性が遙かに優れるため、汎用品ではなくその車専用の部品を作るようになっている。かつてはレース中にラックとピニオンの摩耗が進み、ステアリングに好ましからざる"遊び"ができてしまうことがあった。

　パワーアシストのステアリングをつけている車もあるが、大抵アシスト量は30%だ。車を操縦するのに必要な肉体的負担を軽減にするにはこれで充分だし、この程度ならステアリングシステムからの貴重な"フィール"を失わないですむ。

ステアリング裏

　ギアチェンジ・アクティベーターはステアリングホイールのすぐ背後にあり、2本のパドルを指先で操作する。左手側のパドルがダウンシフト、右手側がアップシフト用だ。ちなみにほぼフルスロットルまで踏みこまないと、アップシフトの操作をしてもシステムは受けつけてくれない。

　これはセミオートマチックのシステムで、ギアからギアのシフトは絹のように滑らかに行われる。またドライバーが1段中間ギアを飛ばしてしまう懸念もまず無用だ。上げるも下げるも必ず1段ずつ順を追って変速していく。ドライバーは両手でしっかりステアリングホイールを握ったまま、電子制御の油圧アクチュエーターが変速とクラッチの断続を同時にやってくれる。結果変速操作に要する時間は完全な機械式と比べて、ほぼ10分の1に短縮された（平均して20ミリセカンド）。

　制動力配分調整ダイアルもドライバーの手元にある。これを使ってドライバーはコクピットから制動力の前後配分を調整して、急制動時にも前後どちらかのホイールがロックするのを防げる。

　電子制御のハンドブレーキを装着するのもドライバーの好み次第だ。このシステムには一定のメリットもあるのだが、一つ大きな欠点がある。電子制御のハンドブレーキだとスタート時クラッチの繋がり具合を感じ取るのが難しいのだ。そのため可もなく不可もなくのスタートに終わってしまいかねない。対してブレーキペダルなら充分なフィールが伝わってくる。

　かつての電子制御ハンドブレーキにはもう一つ難点があった。それが最もあからさまに出たのが、1996年ニュルブルクリングでのヨーロッパ・グランプリだった。ベネトンに乗るゲルハルト・ベルガーとジャン・アレージの二人は、不面目にもスターティンググリッドから一歩も動けずじまいだった。なんと電子制御ハンドブレーキが"オン"の位置でスティックしてしまったのだった。

将来はエアバック付き？

　肩を固定するベルト2本、腰を固定するベルト2本、両足のつけ根を固定するベルト2本から成り立つ多点式シートベルトでF1ドライバーはしっかりと車に固定される。なかでも肩を固定するベルトはドライバーの鎖骨に当たる部分に分厚いパッドが施されている。

　FIAのレギュレーションはベルト幅は75mm、ワンタッチではずれるバックルを備えていることと定めている。しかもドライバーがこのバックルをはずしベルトを解いて、車外に脱出するのに5秒以上要してはならない。

　シートベルトは時として死亡事故ぎりぎりの重大事故という、極限状態でテストされることがある。その事故はミカ・ハッキネンに振りかかった。1995年アデレードで行われたオーストラリア・グランプリだった。ハッキネンを乗せたマクラーレンはパンクに見舞われ、超高速のままガードレールに激突した。衝突時のショックは凄まじく、ベルトは伸び、ハッキネン自身の身体も伸びてしまった。そのため頭部がステアリングホイールに激しくぶつかり頭蓋骨折と外傷性脳損傷を引き起こした。幸いにもハッキネンはこの負傷から完全に回復している。

　ステアリングホイールにディフォーマブル構造が組みこまれていれば、あるいはステアリングコラムがコラプシブル構造になっていれば、このような惨事は防げたかもしれなかった。この事故以来、これはルールで義務づけられた。エアバッグももう一つの解決策になろう。徹底的に研究と実験を積み重ねた結果、そう遠くない将来にF1にエアバッグが装着される見込みだ。ただし膨張した際ドライバーに危害をおよぼさないこと、自力で脱出するにせよ、引っ張りだしてもらうにせよ、その妨げにならないこと、この二つを満たせる設計が完了すればという条件がつく。エアバッグ登場のあかつきには、おそらくステアリングホイール中央に小型のものが仕こまれるようになるだろう。

THE COCKPIT ENVIRONMENT

ドライバーの頭を守る

　重大事故にあったドライバーの頭部を保護する目的から、F1のコクピット周辺部ほぼ全周にわたって、押されると変形するパッドでできた"カラー"(頸当て)がついている。パッドの材質はFIAが認めたものが用いられ、その寸法と位置についてはルールが厳格に定める。いわくパッドの厚みは75mm、前方はステアリングの位置まで伸びていること、道具を使わなくても取り外せること。

　"カラー"が導入される直接の引き金になったのはオーストリア人ドライバー、カール・ヴェンドリンガーの生命をすんでのところで奪うところだった事故だ。1994年モナコ・グランプリのプラクティス中、ヴェンドリンガーのザウバーは、ガードレールの前に保護用にと置かれた水の入った樽の一つに衝突した。スピードはそれほど出ていなかったにもかかわらず、ヴェンドリンガーの保護されていない頭部は激しい一撃を受けた。この事故が原因で、彼のグランプリドライバーとしての経歴に幕が下ろされた。

　ドライバー頭部を保護するため、方策がもう一つ立てられた。F1コクピットの両側は2、3年前に比べて高くなっている。FIAのレギュレーションでは、コクピット側部はロールオーバーバー頂部と、コクピット開口部直前に位置するロールオーバー補強材の頂点とを結ぶ仮想上の線より22cm以内にあることと定めている。この補強材はコクピット前部のリップ直前に、三角形の突起物を形成している場合が多い。ドライバーのヘルメット頂部はこの仮想上の線より少なくとも5cm下に位置していないといけない。

消火システム

　事故の際、出火したり感電死しないよう、FIAのレギュレーションはドライバーの手で点火系、燃料ポンプ、リアの高透過性ライトに通じる電気回路をダッシュボード上のサーキットブレーカーで断線できることと定めている。しかもこのブレーカーは火花が飛ばない構造でなければならない。位置はマスタースイッチを表す三角形により示される。車外にもロールオーバーバー右側にDの字の形をしたカットオフスイッチがつき、緊急時安全に離れた距離から先にかぎのついた棒で作動できる。

　このハンドルを引くと電気回路が遮断されるだけでなく、車載の消火システムも働く。位置はE（エクスティングシャー、消火器の頭文字）を丸で囲んだマークで表示される。消火システムは専用の電気システムで作動すること、ダッシュボード上のボタンでドライバーが作動できるだけでなく、外部からも作動できる構造になっていることと定められている。ドライバーの太股下、コクピットの床には消火器が固定されており、ルールに従いコクピット内部に向けて10秒間から40秒間、エンジンコンパートメントに向けて30秒間から80秒間消火剤を噴出できる容量を持つ。

ペダルレイアウト

　足を負傷しないよう充分な空間を開けるため、FIAのレギュレーションでは前後に調整可能なペダルの位置はフロントアクスル中央線後方から15cm以内にあってはならないと定めている。右側のスロットルペダルは乗用車と大体同じ踏み代がある。写真のように3ペダルレイアウトの場合、ブレーキペダルは中央に位置し、クラッチペダルが左側だ。なおクラッチペダルを使うのは通常スタート時とピットレーンから発進する時だけだ。微妙なタッチを要するブレーキの踏力は150kgと恐ろしく重く、ブレーキ系統の内圧は70kg/cm²（1000psi）を大きく超える。パワーアシストブレーキはルールで禁止されている。

　左足ブレーキを好むドライバーは多いが、その場合は大抵2ペダルレイアウトで、左がブレーキ、右がスロットルだ。クラッチは手動で、断続はステアリングホイール上のアクティベーターにより行う。ただしドライバーによっては、スピンに備えハンドクラッチだけでなくクラッチペダルも備える。

　ペダルの両側にはフットレストが備わるのが通常だ。またうかつにも足が違うペダルの上でさまよわないように、特定のペダルに浅い縁をつけるドライバーもいる。

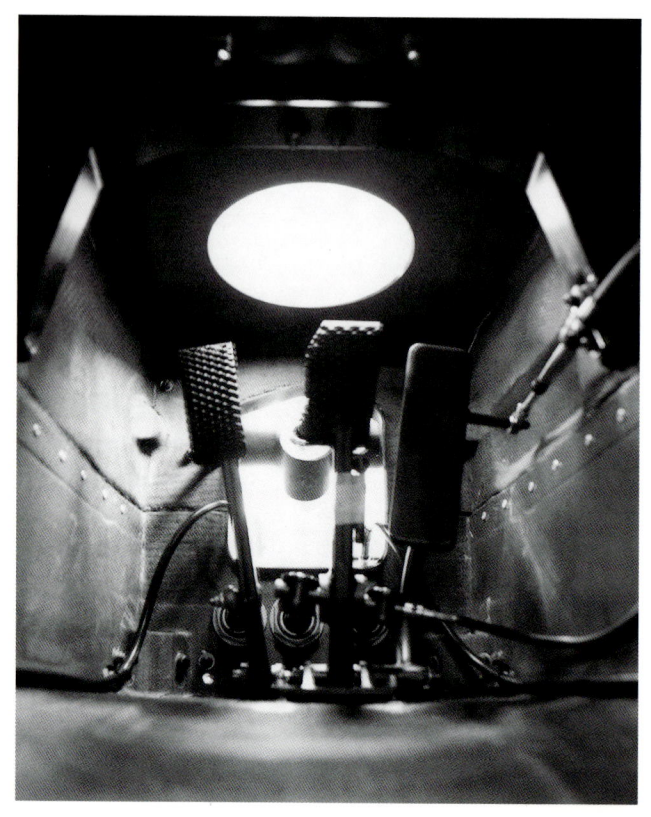

THE COCKPIT ENVIRONMENT

ドライバーとの交信内容

　ピットだろうがコース上だろうが、ドライバーはチームと双方向のVHF無線で交信ができる。ここに写っているのはレースエンジニア、ジョック・クリアと話をしているジャック・ヴィルヌーヴだ。もう1枚はプロスト・チームのボス、アラン・プロストとチームマネジャーのチェザーレ・フィオリオがピットウォールからドライバーのオリヴィエ・パニスとヤーノ・トゥルーリにレース戦略をアドバイスしているところだ。

　ドライバーが使う耳栓には超小型のイヤフォンが仕込まれており、口許の小型マイクともどもステアリング上のボタンにより作動できる。このボタンにはR（ラジオの頭文字）のマークがついている場合が多い。やりとりの重要な部分はレース戦略に関するものだから、交信にはスクランブル信号がかけられ、ライバルチームや一般メディアが盗聴できないようになっている。しかしレース中の不正行為などルール違反の申し立てが他チームからなされた場合、FIAは交信内容を録音したテープの提出を要求できる。

　1997年シーズン最終戦の後、実際テープの提出が求められた。スペインのヘレスで行われたヨーロッパ・グランプリの終盤、マクラーレンとウィリアムズとのあいだで八百長行為があったとの申し立てが出たのだ。ウォーターゲートならぬ"ヘレスゲート・テープ"事件では、両チームから録音テープが提出され最終的に双方とも嫌疑は晴れた。

　この一件以降、FIAにはスクランブルコードを提出して、オフィシャルは交信内容をリアルタイムで管理できるようにするべきだとの声も挙がった。もしそうなるとオフィシャルの耳には楽しい音が届いてくるかもしれない。ワールドチャンピオンシップを獲得した1997年、ジャック・ヴィルヌーヴは後続を大きく引き離して楽勝したレースが数戦あり、そんな時退屈を紛らわすため無線に向かって童謡をハミングしたという話が伝わっている。

レースのすべてを見守る電波

　かつてF1ドライバーがコクピット内でどのようなテクニックを駆使していたのかはミステリーだったが、それもテレメトリーシステムが登場するまでの話だった。今ではドライバーがステアリングホイール、ブレーキペダル、スロットルペダルその他のコントロールをいかに操作しているかは、ピットガレージあるいはチームの工場で手に取るように細かく分析できる。

　テレメトリーシステムの仕掛けを説明しよう。車のいたる所に散りばめられたセンサーが、読み取った数値を無線で受信器に飛ばす。受信器の置かれたガレージでは信号をコンピューターに蓄積し、ずらりと並んだモニターに映し出す。ドライバーがコントロール類をいかに操作しているか、例えばブレーキやシフトのタイミングがこれでわかる。それだけではない。テレメトリーからはエンジン性能やその他主要コンポーネントの情報も次々に流れこんでくる。エンジン回転数、油温、油圧、燃料流入率、個々のブレーキ温度と摩耗率、サスペンションの動きなど例を挙げればきりがない。

　テレメトリーによる交信は必ず一方向のみで双方向ではない。FIAはデータを車に向けて発信してはならないと定めているのだ。このルールが施行される以前、チームはピットからコマンドを発して、エンジンの作動状態やレースの鍵を握る各種作動条件を遠隔操作で変更し、刻々と変化するサーキットの状況に合わせて車の性能を上げていたのだった。

謝辞

　本書取材中、次の方々からご協力を賜り心から感謝申し上げる。APレーシングのスティーヴ・ブライアン。ブルックハウス・パックスフォードのトニー・ハリソンとバリー・ウエインライト。コスワース・レーシングのイレイン・カトン・クイン、ニック・ヘイズそしてドゥニーズ・プロクター。クランフィールド・インパクト・センターのディック・ジョーンズ。FIAのアリステア・ワトキンズ。グッドイヤー・レーシングのダーモット・バンブリッジとキャロル・ドーズ。スピードライン・スポートのデイヴィド・ウィリアムズ。エクストラックのクリフ・ホーキンズとデリック・ワージントン。

著者◎ナイジェル・マックナイト

1955年イギリス、コーブリッジ生まれ。モータースポーツ、航空機に関する著述、キャスターとして活躍中。1977年から執筆を始め、本書『F1テクノロジー』は10を数える著作の内の一冊。その他、NASAのスペースシャトルやトマホーク・ミサイル、CARTのマシーンに関するものなど著作は多岐にわたる。著述業の傍ら、自身でもパワースポーツを楽しんでいる。目下、所有しているターボファン-プロペラボート、その名もクイックシルヴァーで世界スピード記録の511.11km/hを目指し、準備に余念がない。

訳者◎相原俊樹

1954年東京生まれ。中央大学法学部卒。船会社勤務。自動車に係わるさまざまな外国書籍を読むのが趣味で、翻訳を通じて日本の愛好家に良質な情報を伝えるのが夢と語る。訳書『死のレース 1955年ルマン』『アメリカ車の100年 1893-1993』共に二玄社刊。